Ohne Anwalt zum Designrecht

Thomas Heinz Meitinger

Ohne Anwalt zum Designrecht

Anleitung zum Erwerb wertvoller Designrechte

 Springer Vieweg

Thomas Heinz Meitinger
Meitinger & Partner Patentanwalts PartGmbB
München, Deutschland

ISBN 978-3-662-64204-7   ISBN 978-3-662-64205-4   (eBook)
https://doi.org/10.1007/978-3-662-64205-4

Die Deutsche Nationalbibliothek verzeichnet diese Publikation in der Deutschen Nationalbibliografie; detaillierte bibliografische Daten sind im Internet über http://dnb.d-nb.de abrufbar.

Planung/Lektorat: Markus Braun
Springer Vieweg ist ein Imprint der eingetragenen Gesellschaft Springer-Verlag GmbH, DE und ist ein Teil von Springer Nature.
Die Anschrift der Gesellschaft ist: Heidelberger Platz 3, 14197 Berlin, Germany

Vorwort

Ein Designrecht dient dem Schutz einer zwei- oder dreidimensionalen ästhetischen Erscheinungsform gegen Nachahmung eines unberechtigten Dritten. Ein Designschutz ist nicht nur für Mode oder handwerkliche Gestaltungen vorgesehen. Auch für die Industrie kann ein Designrecht ein wertvoller Schutz sein.

Der Erwerb eines Designrechts erscheint problemlos und kostengünstig. Einfach ein paar Fotos gemacht und schon kann ein Designschutz beantragt werden. Diese etwas unbedachte Vorgehensweise kann sich als Boomerang herausstellen. Die Abbildungen des Designrechts sind tatsächlich entscheidend. Es sind allerdings einige Dinge zu beachten, um einen effektiven Designschutz zu erhalten. Spätestens bei einer gerichtlichen Durchsetzung des Designrechts kann sich herausstellen, dass eine gewissenhafte Erstellung des Designrechts notwendig ist. Dann leider zu spät.

Zur Realisierung der Vorteile eines Designrechts ist ein grundlegendes theoretisches Verständnis erforderlich. Außerdem sind einige Lehren aus der Praxis zu beachten. Dieses Fachbuch bietet beides. Es präsentiert die theoretischen Grundlagen, um sicher mit den Gestaltungselementen des Designrechts umzugehen. Außerdem geben eine Vielzahl von Beispielen aus der Praxis Sicherheit bei der Anmeldung und Durchsetzung eines Designrechts.

München   Patentanwalt Dr. Thomas Heinz Meitinger
im Juli 2021

Gesetze

AEUV Vertrag über die Arbeitsweise der Europäischen Union in der Fassung aufgrund des am 01.12.2009 in Kraft getretenen Vertrages von Lissabon (konsolidierte Fassung bekanntgemacht im ABl. EG Nr. C 115 vom 09.05.2008, S. 47), zuletzt geändert durch die Akte über die Bedingungen des Beitritts der Republik Kroatien und die Anpassungen des Vertrags über die Europäische Union, des Vertrags über die Arbeitsweise der Europäischen Union und des Vertrags zur Gründung der Europäischen Atomgemeinschaft (ABl. EU L 112/21 vom 24.40.2012) m. W. v. 01.07.2013.

BGB Bürgerliches Gesetzbuch in der Fassung der Bekanntmachung vom 2. Januar 2002 (BGBl. I S. 42, 2909; 2003 I S. 738), das zuletzt durch Artikel 10 des Gesetzes vom 30. März 2021 (BGBl. I S. 607) geändert worden ist.

Designgesetz in der Fassung der Bekanntmachung vom 24. Februar 2014 (BGBl. I S. 122), das zuletzt durch Artikel 5 des Gesetzes vom 26. November 2020 (BGBl. I S. 2568) geändert worden ist.

Gebrauchsmustergesetz in der Fassung der Bekanntmachung vom 28. August 1986 (BGBl. I S. 1455), das zuletzt durch Artikel 23 des Gesetzes vom 23. Juni 2021 (BGBl. I S. 1858) geändert worden ist.

GGV VERORDNUNG (EG) Nr. 6/2002 DES RATES vom 12. Dezember 2001 über das Gemeinschaftsgeschmacksmuster (ABl. EG Nr. L 3 vom 05.01.2002, S. 1) geändert durch Verordnung (EG) Nr. 1891/2006 des Rates vom 18. Dezember 2006 zur Änderung der Verordnungen (EG) Nr. 6/2002 und (EG) Nr. 40/94, mit der dem Beitritt der Europäischen Gemeinschaft zur Genfer Akte des Haager Abkommens über die internationale Eintragung gewerblicher Muster und Modelle Wirkung verliehen wird (ABl. EG Nr. L 386 vom 29.12.2006, S. 14).

GVG Gerichtsverfassungsgesetz in der Fassung der Bekanntmachung vom 9. Mai 1975 (BGBl. I S. 1077), das zuletzt durch Artikel 4 des Gesetzes vom 9. März 2021 (BGBl. I S. 327) geändert worden ist.

Haager Musterabkommen (HMA) Haager Abkommen über die internationale Hinterlegung gewerblicher Muster und Modelle vom 6. November 1925 als Dachabkommen insbesondere für die rechtlich selbstständigen internationalen Verträge der Londoner Akte von 1934, der Haager Akte von 1960 und der Genfer Akte von 1999.

Patentgesetz in der Fassung der Bekanntmachung vom 16. Dezember 1980 (BGBl. 1981 I S. 1), das zuletzt durch Artikel 22 des Gesetzes vom 23. Juni 2021 (BGBl. I S. 1858) geändert worden ist.

Patentkostengesetz vom 13. Dezember 2001 (BGBl. I S. 3656), das zuletzt durch Artikel 3 des Gesetzes vom 11. Dezember 2018 (BGBl. I S. 2357) geändert worden ist.

PVÜ Pariser Verbandsübereinkunft zum Schutz des gewerblichen Eigentums vom 20. März 1883, revidiert in BRÜSSEL am 14. Dezember 1900, in WASHINGTON am 2. Juni 1911, im HAAG am 6. November 1925, in LONDON am 2. Juni 193, in LISSABON am 31. Oktober 1958 und in STOCKHOLM am 14. Juli 1967 und geändert am 2. Oktober 1979.

RVG Rechtsanwaltsvergütungsgesetz vom 5. Mai 2004 (BGBl. I S. 718, 788), das zuletzt durch Artikel 3 des Gesetzes vom 2. Juni 2021 (BGBl. I S. 1278) geändert worden ist.

ZPO Zivilprozessordnung in der Fassung der Bekanntmachung vom 5. Dezember 2005 (BGBl. I S. 3202; 2006 I S. 431; 2007 I S. 1781), die zuletzt durch Artikel 8 des Gesetzes vom 22. Dezember 2020 (BGBl. I S. 3320) geändert worden ist.

Inhaltsverzeichnis

Über den Autor

Patentanwalt Dr. Thomas Heinz Meitinger ist deutscher und europäischer Patentanwalt. Er ist der Managing Partner der Meitinger & Partner Patentanwalts PartGmbB. Die Meitinger & Partner Patentanwalts PartGmbB ist eine mittelständische Patentanwaltskanzlei in München. Nach einem Studium der Elektrotechnik in Karlsruhe arbeitete er zunächst als Entwicklungsingenieur. Spätere Stationen waren Tätigkeiten als Produktionsleiter und technischer Leiter in mittelständischen Unternehmen. Dr. Meitinger veröffentlicht regelmäßig wissenschaftliche Artikel, schreibt Fachbücher zum gewerblichen Rechtsschutz und hält Vorträge zu Themen des Patent- und Designrechts. Dr. Meitinger ist Dipl.-Ing. (Univ.) und Dipl.-Wirtsch.-Ing. (FH). Außerdem führt er folgende Mastertitel: LL.M., LL.M., MBA, MBA, M.A. und M.Sc.

Abkürzungen

BGH	Bundesgerichtshof
BPatG	Bundespatentgericht
DPMA	Deutsches Patent- und Markenamt
EU	Europäische Union
EuG	Gericht der Europäischen Union
EuGH	Europäischer Gerichtshof
EUIPO	Amt der Europäischen Union für geistiges Eigentum (European Union Intellectual Property Office)
USPTO	United States Patent and Trademark Office
WIPO	World Intellectual Property Organization

Abbildungsverzeichnis

Tabellenverzeichnis

Gegenstand eines Designrechts

Ein Design ist eine zwei- oder dreidimensionale Gestaltung, die ein ästhetisches Empfinden auslöst. Das deutsche Designgesetz bestimmt ein Design als Erscheinungsform eines Erzeugnisses aufgrund seiner Linien, Konturen, Farben und Oberflächenstruktur.[1] Ein Erzeugnis ist ein industrielles oder handwerkliches Objekt, einschließlich einer Verpackung, einer Ausstattung oder eines grafischen Symbols. Ein Erzeugnis, das ein Designrecht realisiert, kann ein Bestandteil eines komplexen Produkts sein. Ein Computerprogramm ist kein Erzeugnis, das eine Ausdrucksform eines Designs bilden kann.[2] Allerdings kann die Gestaltung einer Bildschirmoberfläche durch eine Software zu einem Designrecht führen.

Durch die Eintragung in das Register eines Patentamts wird ein Design zu einem Designrecht. Ein Designrecht gewährt seinem Inhaber das ausschließliche Recht, das Design zu benutzen und die Benutzung durch unberechtigte Dritte zu verbieten. Mit einem eingetragenen Designrecht kann ein wirksamer Schutz gegen Nachahmung erreicht werden. Beispielsweise kann ein deutsches Designrecht oder ein europäisches Designrecht, ein Gemeinschaftsgeschmacksmuster, angestrebt werden. Ein Designrecht kann für Mode, kunsthandwerkliche Gestaltungen oder ein Industriedesign erlangt werden.

Ein Designrecht ist nicht auf eine rein künstlerische Gestaltung beschränkt. Ein Design kann für eine Kaffeemaschine, einen Stuhl, einen Nussknacker oder einen Friseurstuhl erhalten werden. Für ein eingetragenes Design ist es nicht erforderlich, dass das Design die Qualität eines Designklassikers hat. Ein Beispiel hierfür ist ein Kindersitz für ein Fahrrad der Kettler Alu-Rad GmbH[3] (Abb. 1.1).

---

[1] § 1 Nr. 1 Designgesetz bzw. Artikel 3 Buchstabe a GGV.

[2] § 1 Nr. 2 Designgesetz bzw. Artikel 3 Buchstabe b GGV.

[3] EUIPO, https://euipo.europa.eu/eSearch/#details/designs/001457717-0002, abgerufen am 23. Juni 2021.

© Der/die Autor(en), exklusiv lizenziert durch Springer-Verlag GmbH, DE, ein Teil von Springer Nature 2021
T. H. Meitinger, *Ohne Anwalt zum Designrecht*,
https://doi.org/10.1007/978-3-662-64205-4_1

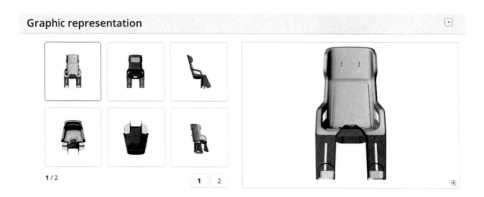

Abb. 1.1 Kindersitz (GGM 001457717-0002)

1.1   Was kann ein Designrecht schützen?

Ein Design ist eine flächige oder räumliche Gestaltung, die ein ästhetisches Empfinden auslöst. „Ästhetisch" ist nicht im Sinne von schön oder künstlerisch zu verstehen. Vielmehr ist ein Designschutz für jede Gestaltung möglich, die einen optischen Eindruck erweckt. Für die Eintragung eines Designs ist es nicht erforderlich, dass durch das Design besondere künstlerische Ansprüche erfüllt werden.

Das Design muss neu sein und Eigenart aufweisen. Eigenart liegt vor, falls der durch das Design erweckte Gesamteindruck unterschiedlich zu den der bislang bekannten Designs ist.[4] Ein Design muss einen eigenen Gesamteindruck erwecken. Eine besonders anspruchsvolle Gestaltung ist nicht erforderlich. Aus diesem Grund ist das Designrecht in der Industrie sehr beliebt geworden, denn es können die ästhetischen Gestaltungen eines Industrieprodukts durch ein relativ günstiges und sehr effektives Schutzrecht gesichert werden. Selbst typografische Schriftzeichen sind grundsätzlich schutzfähig. Es werden an das schutzfähige Design keine künstlerischen Anforderungen gestellt.

Mit einem Design kann nur die konkret zum Ausdruck gebrachte Gestaltung eines Erzeugnisses geschützt werden. Es kann keine allgemeine, abstrahierte Formenlehre geschützt werden. Es sind daher zu den Abbildungen eines geschützten Designs keine erklärenden Erläuterungen erforderlich, denn nur direkt aus den Abbildungen wird der Schutzumfang des Designrechts abgeleitet. Die geeignete Abbildung des Designrechts ist daher von entscheidender Bedeutung für den Schutzbereich, und damit den Wert des Designrechts.

---

[4] § 2 Absatz 3 Satz 1 Designgesetz bzw. Artikel 6 Absatz 1 GGV.

1.2 Schutzentstehung durch Registrierung oder Veröffentlichung

Ein Designrecht entsteht durch eine amtliche Registrierung, also durch die Eintragung des Designs in das Register eines Patentamts, oder durch Veröffentlichung. Wird ein Design innerhalb der Europäischen Union veröffentlicht, genießt es einen Designschutz als nicht eingetragenes Gemeinschaftsgeschmacksmuster. Die Schutzdauer eines nicht eingetragenen Gemeinschaftsgeschmacksmusters ist allerdings auf drei Jahre beschränkt und der Schutzumfang umfasst nur Nachahmungen.

1.3 Ungeprüftes Schutzrecht

Ein Designrecht ist ein ungeprüftes Schutzrecht. Das Designgesetz sieht keine sachliche Prüfung vor, wie dies beispielsweise bei einem Patent der Fall ist. Das Patentamt prüft ausschließlich auf formale Voraussetzungen, bevor eine Eintragung des Designs in das Register vorgenommen wird.

1.4 Kein Benutzungszwang

Es besteht kein Benutzungszwang zur Aufrechterhaltung des Designschutzes. Der Designschutz besteht unabhängig davon, ob das Design benutzt wird. Es kann auch eine intensive Benutzung des Designs nicht zu einem größeren Schutzumfang führen.

1.5 Erzeugnis und Design

Durch ein Erzeugnis wird ein Design realisiert. Das Design ist die Erscheinungsform des Erzeugnisses. Das Design umfasst Linien, Konturen, Farben, eine Gestalt, eine Oberflächenstruktur oder einen Werkstoff des Erzeugnisses. Ein Erzeugnis kann handwerklich oder industriell hergestellt werden. Beispiele für Erzeugnisse sind Möbel, Werkzeuge, Fahrzeuge, Gebrauchsgegenstände, Verpackungen, Ausstattungen, grafische Symbole oder typografische Schriftzeichen. Ein Computerprogramm ist in diesem Sinne kein Erzeugnis.[5]

---

[5] § 1 Nr. 1 und 2 Designgesetz.

1.6   Erzeugnisangabe und Warenklassen

Für ein Design ist eine Angabe der Erzeugnisse, für das das Design genutzt werden soll, und eine Einordnung der Erzeugnisse in Warenklassen vom Anmelder des Designs vorzunehmen.[6] Es gibt insgesamt 32 Warenklassen, die die Erzeugnisse umfassen, für die ein Designschutz möglich ist. Die Einordnung eines Designs in eine Warenklasse dient allein der Transparenz des Registers und ermöglich eine effiziente Recherche nach Designrechten.

Durch die Angabe der Erzeugnisse und der Warenklassen ergibt sich keine Schutzbeschränkung des eingetragenen Designrechts auf diese Erzeugnisse oder Warenklassen. Vielmehr gilt, dass ein Designrecht über sämtliche Warenklassen hinweg einen Schutz ausübt. Es ist nicht relevant, ob eine besondere räumliche oder zweidimensionale Gestaltung an einem Fahrzeug, durch eine Wandleuchte oder mit einem Möbelstück realisiert ist. Es wird gerade keine technische Funktion geschützt, die mit dem Fahrzeug, der Wandleuchte oder dem Möbelstück untrennbar verbunden wäre, sondern eine ästhetische Gestaltung, die unabhängig von dem speziellen Erzeugnis umsetzbar ist.

1.7   Designschutz versus Markenschutz

Gestaltungen, die es nicht erforderlich machen, dass sie an einem konkreten Erzeugnis realisiert werden, können nicht als Design geschützt werden. Für derartige Gestaltungen, beispielsweise Wörter, Zahlen und Farben, können Marken angemeldet werden.

Eine Überschneidung des Marken- mit dem Designrecht ergibt sich für zweidimensionale Gestaltungen. Ist ein Designschutz beispielsweise wegen fehlender Neuheit ausgeschlossen, kann dennoch ein Markenschutz möglich sein. Außerdem kann eine Doppelstrategie verfolgt werden, bei der sowohl ein Designschutz als auch ein Markenschutz beantragt werden.

Eine räumliche Gestaltung kann mit einem Designrecht oder einer 3D-Marke geschützt werden. Allerdings ist es zunehmend schwierig, ästhetische Gestaltungen als 3D-Marke zu schützen. Die Patentämter weisen eine zunehmende Zurückhaltung bei der Eintragung von 3D-Marken auf. Dem Entwerfer wird daher zumeist nur das Designrecht für seine dreidimensionale Gestaltung offenstehen.[7]

Der große Vorteil des Markenrechts ist, dass ein Markenschutz beliebig oft verlängert werden kann. Ein Designschutz kann auf maximal 25 Jahre ausgedehnt werden.

---

[6] § 19 Absatz 2 Designgesetz.

[7] EuGH, 18.9.2014, C-205/13, Gewerblicher Rechtsschutz und Urheberrecht, 2014, 1097 – Hauck/Stokke.

1.8   Designschutz versus Patentrecht

Ästhetische Formschöpfungen können nicht durch ein Patent oder ein Gebrauchsmuster geschützt werden.[8] Daraus ist jedoch nicht zu folgern, dass sich Designrechte und Patente gegenseitig ausschließen. Vielmehr stellen Designrechte und Patente ergänzende Schutz-rechte dar, bei denen Schutz für unterschiedliche Aspekte eines Erzeugnisses geboten wird. Viele technische Produkte weisen eine ästhetische Gestaltungsform auf, sodass ein gleichzeitiger Schutz durch ein Patent und ein Designrecht naheliegend ist.

---

[8] § 1 Absatz 3 Nr. 2 Patentgesetz bzw. § 1 Absatz 2 Nr. 2 Gebrauchsmustergesetz.

Schutzvoraussetzzungen

Ein Designschutz kann nur für eine zwei- oder dreidimensionale Erscheinungsform eines Erzeugnisses erworben werden. Voraussetzung für ein Designschutz ist Neuheit und Eigenart des Designs. Das Design muss einen ästhetischen Gesamteindruck erwecken, der unterschiedlich zu den bisheriger Designs ist.[1]

2.1   Sichtbarkeit

Die Voraussetzung der „Sichtbarkeit" ergibt sich naturgemäß aus einem Schutzrecht, das auf eine ästhetische Erscheinungsform abzielt.

Ist ein Erzeugnis im bestimmungsgemäßen Gebrauch nicht sichtbar, kann daher das Design des Erzeugnisses nicht durch ein Designrecht geschützt werden.[2] Eine bestimmungsgemäße Verwendung ist nicht eine Instandhaltung, eine Wartung oder eine Reparatur, bei der ein komplexes Produkt zerlegt wird.[3] Ein Designschutz ist daher nur möglich, falls das ästhetische Empfinden eines Endbenutzers angesprochen wird.

Die Voraussetzung der Sichtbarkeit im bestimmungsgemäßen Gebrauch ist nicht zu eng auszulegen. Die Innenverkleidung eines Kofferraums eines Fahrzeugs kann durch ein Designrecht geschützt werden. Obwohl die bestimmungsgemäße Verwendung eines Fahrzeugs das Fahren von einem Startpunkt zu einem Zielpunkt ist, kann die Innenverkleidung des Kofferraums als ausreichend sichtbar angesehen werden, um einen Designschutz zu begründen. Die Elemente eines Motorblocks können ebenfalls als sichtbar angesehen werden, solange diese nach dem Öffnen der Motorhaube des Fahrzeugs gesehen werden. Das

---

[1] § 2 Absatz 3 Satz 1 Designgesetz bzw. Artikel 6 Absatz 1 GGV.
[2] § 4 Designgesetz.
[3] Artikel 4 Absatz 3 GGV.

T. H. Meitinger, *Ohne Anwalt zum Designrecht*,
https://doi.org/10.1007/978-3-662-64205-4_2

Kriterium der Sichtbarkeit derart auszuweiten ist realitätsnah, da die sichtbaren Motor-
teile für Fahrzeug-Enthusiasten besonders ästhetisch gestaltet werden. Die Möglichkeit
des Designschutzes ist daher zuzubilligen.

Bei der Bewertung des Kriteriums der Sichtbarkeit ist dessen Zweck zu berücksichtigen. Es sollen Gegenstände, die eine nur technische Funktion erfüllen, keinen
Designschutz erhalten. Objekte, die nach deren Einbau in einem komplexen Erzeugnis
nicht mehr sichtbar sind, und zwar in keinem möglichen Zustand des Erzeugnisses, können keinen Designschutz begründen. Bei einem Fahrzeug ist das Öffnen der Motorhaube
und das Öffnen des Kofferraums zu der bestimmungsgemäßen Verwendung hinzuzu-
rechnen, sodass die ästhetische Gestaltung des Motorblocks und des Kofferraums dem
Designschutz zugänglich sind.[4]

Eine mangelnde Sichtbarkeit kann sich beispielsweise bei einem Rasenmäher-Motor
ergeben, falls das Unterteil des Rasenmäher-Motors geschützt werden soll. In diesem Fall
kann kein Designschutz erworben werden, da das Unterteil auf dem Boden aufsitzt und
daher beim üblichen Gebrauch nicht sichtbar ist. Ausschließlich das Oberteil des Motors
kann zu einem Designschutz führen.[5]

2.2   Vorbekannter Formenschatz

Der vorbekannte Formenschatz umfasst sämtliche Designs, die vor dem Anmeldetag
eines zu bewertenden Designs der Öffentlichkeit zugänglich gemacht wurden. Zum
vorbekannten Formenschatz zählen Veröffentlichungen von eingetragenen Designs, von
Gemeinschaftsgeschmacksmustern, von internationalen Hinterlegungen, von Markenein-
tragungen und von Patentdokumenten. Ausländische Veröffentlichungen werden zum
vorbekannten Formenschatz hinzugerechnet, falls die in der Europäischen Union tätigen Fachkreise davon Kenntnis erlangt haben. Eine Veröffentlichung kann eine Zeitung,
eine Zeitschrift, ein Buch, ein Katalog, eine Broschüre oder eine Veröffentlichung im
Fernsehen oder im Internet sein. Zu den relevanten Fachkreisen gehören Händler und
Hersteller.

Vor dem Hintergrund des vorbekannten Formenschatzes erfolgt die Bewertung, ob ein
Design Neuheit und Eigenart hat, und daher rechtsbeständig ist. Außerdem wird anhand
des vorbekannten Formenschatzes der Schutzumfang des Designs festgestellt.

2.3   Neuheit

Die Neuheit eines Designs liegt vor, falls es vor dem Anmelde- oder Prioritätstag keine
identischen Designs gegeben hat. Designs sind identisch, wenn sie in den wesentlichen

---

[4] HABM-BK, 22.10.2009, R690/2007-3 – Chaff Cutters.
[5] EuG, 9.9.2011, T-10/08, GRUR Int. 2012, 66 – Verbrennungsmotor.

Merkmalen übereinstimmen. Ein Design ist neu, falls es sich bereits in geringfügigen, aber nicht unwesentlichen, Details von jedem einzelnen Design des vorbekannten Formenschatzes unterscheidet.[6] Die Neuheit wird in einem Einzelvergleich mit jedem Design des vorbekannten Formenschatzes ermittelt. Nur falls alle wesentlichen Erscheinungsmerkmale bereits in einem Design des vorbekannten Formenschatzes realisiert sind und die Erscheinungsmerkmale zudem in der gleichen Weise zueinander angeordnet sind, ist die Neuheit des zu prüfenden Designs zu verneinen.

Weist ein Design Eigenart gegenüber dem vorbekannten Formenschatz auf, so ist diesem Design auch Neuheit zuzugestehen. Die Neuheitsprüfung stellt daher in der Rechtsprechung keinen Schwerpunkt dar.

Bei der Bewertung der Neuheit werden nur diejenigen älteren Designs berücksichtigt, die der Öffentlichkeit zugänglich gemacht wurden.[7] Eine Bekanntmachung eines Designs kann beispielsweise durch eine Ausstellung oder ein in Verkehr bringen erfolgen. Eine Bekanntmachung muss dabei dazu führen, dass den in der Gemeinschaft tätigen Fachkreisen das Design bekannt sein konnte.[8] Ausländische eingetragene Designrechte gelten als vorbekannt, wenn sie den in der Europäischen Gemeinschaft tätigen Fachkreisen bekannt sind.[9]

Ein Design gilt nur dann als bekannt, falls es den in der Europäischen Gemeinschaft tätigen Fachkreisen im normalen Geschäftsverlauf bekannt sein müsste. Die Bestimmung der relevanten Fachkreise als diejenigen, die in der Europäischen Gemeinschaft tätig sind, gilt sowohl für ein deutsches eingetragenes Design als auch für ein europäisches eingetragenes Design (Gemeinschaftsgeschmacksmuster).

Ein Design gilt nicht als offenbart, wenn es unter einer Vertraulichkeitsvereinbarung einem Dritten bekannt gemacht wird.[10] Wird die Geheimhaltungsvereinbarung gebrochen und das Design der Öffentlichkeit zugänglich gemacht, gilt das Design nicht mehr als neu.

Es ist nicht relevant, wie oder wo die Bekanntmachung erfolgt, solange die in der Europäischen Gemeinschaft tätigen Fachkreise Kenntnis von dem Design erlangen. Ein Design soll sich daher mit seiner Neuheit und seiner Eigenart zu dem Wissen und Können der Fachkreise abgrenzen.

Der vorbekannte Formenschatz setzt sich aus allen Designs zusammen, die den in der Europäischen Union tätigen Fachkreisen bekannt sind oder hätten bekannt sein können. Es genügt, falls ein einzelnes Mitglied der Fachkreise Kenntnis von dem Design erlangte oder hätte erlangen können.

---

[6] § 2 Absatz 2 Satz 2 Designgesetz bzw. Artikel 5 Absatz 2 GGV.

[7] § 2 Absatz 2 Satz 1 Designgesetz bzw. Artikel 5 Absatz 1 GGV.

[8] § 5 Satz 1 Designgesetz bzw. Artikel 7 Absatz 1 Satz 1 GGV.

[9] BGH, 9.10.2008, I ZR 126/06, Gewerblicher Rechtsschutz und Urheberrecht, 2009, 79 – Gebäckpresse.

[10] § 5 Satz 2 Designgesetz bzw. Artikel 7 Absatz 1 Satz 2 GGV.

Designs, die auf internationalen Fachmessen gezeigt werden, gehören dem vorbekannten Formenschatz an. Es ist davon auszugehen, dass die Fachkreise innerhalb der
Europäischen Union Designs auf internationalen Fachmessen wahrnehmen.

Bei der Bewertung der Neuheit kommt es auf die Kenntnis von Fachkreisen außerhalb
der Europäischen Union nicht an. Ebenso ist die Kenntnis von Endverbrauchern unbeacht-
lich. Die Kenntnis eines Designs von Händlern und Herstellern als relevante Fachkreise
ist allein entscheidend.

Zur Prüfung der Neuheit sind die den ästhetischen Gesamteindruck bestimmenden
Merkmale des zu prüfenden Designs zu ermitteln. Diese Merkmalsgliederung ist den
einzelnen Designs des vorbekannten Formenschatzes gegenüberzustellen. Ergibt sich
durch diese Einzelvergleiche, dass sich jeweils Designs mit unterschiedlichen Merkmalen gegenüberstehen, ist das zu prüfende Design vor dem Hintergrund des vorbekannten
Formenschatzes neu.

2.4 Eigenart

Zusätzlich zur Neuheit muss ein eingetragenes Design Eigenart aufweisen, damit es
rechtsbeständig ist. Eigenart eines eingetragenen Designs liegt vor, falls das Design einen
Gesamteindruck auf einen informierten Benutzer erweckt, der unterschiedlich zu den der
Designs ist, die vor dem Anmelde- oder Prioritätstag des eingetragenen Designs bekannt
waren.[11]

Die Prüfung der Eigenart erfolgt in einem Einzelvergleich mit jedem Design des vorbekannten Formenschatzes. Hierbei kann ein Einzelvergleich mit dem nächstliegenden
Design vorgenommen werden, um auf die Eigenart des Designs gegenüber dem gesamten
vorbekannten Formenschatz zu schließen.

Ein informierter Benutzer ist ein Anwender des Designs, der in gewissen Umfang
Kenntnisse von den Merkmalen der Designs hat, die in den betreffenden Wirtschaftsbe-
reichen typischerweise auftreten.

Es ist unerheblich, wie der Entwerfer zu dem Design gelangt ist, also ob aus Sicht des
Entwerfers eine hohe oder eine geringe Leistung zur Gestaltung des Designs führte. Für
die Bewertung der Rechtsbeständigkeit wird der auf den informierten Benutzer erweckte
Gesamteindruck betrachtet. Es wird eine Bewertung der Eigenart aus der Sicht des infor-
mierten Benutzers und nicht aus der des Entwerfers vorgenommen. Die Bewertung der
Eigenart erfolgt losgelöst von der Person des Entwerfers.

Bei der Beurteilung der Eigenart ist der Grad der Gestaltungsfreiheit zu berücksich-
tigen.[12] Die Gestaltungsfreiheit kann durch zwei Aspekte eingeschränkt sein, nämlich
Funktionalität und Formenschatz. Ein Entwerfer eines Designs ist nur insoweit frei in der
Gestaltung, als die Funktion des Erzeugnisses noch gewährleistet ist. Ein Design eines

---

[11] § 2 Absatz 3 Satz 1 Designgesetz bzw. Artikel 6 Absatz 1 GGV.
[12] § 2 Absatz 3 Satz 2 Designgesetz bzw. Artikel 6 Absatz 2 GGV.

Rasenmähers muss beispielsweise noch einen funktionsfähigen Rasenmäher ermöglichen. Bei dem Design eines Küchenmessers muss beispielsweise noch ein Griff zur Verfügung stehen, um das Messer nutzen zu können.

Eine Schere weist beispielsweise einen geringen Gestaltungsspielraum auf. Ähnliche Merkmale im Vergleich zu den Designs des vorbekannten Formenschatzes können daher nicht automatisch zu einer mangelnden Eigenart führen. Vielmehr genügen bereits kleine ästhetische Abweichungen, um Eigenart für eine Schere zu manifestieren. Im Gegensatz dazu besteht bei Aufhängern zur Luftverbesserung, beispielsweise in einem Auto, ein großer Gestaltungsspielraum. Bereits entfernt ähnliche Motive früherer Designs führen in diesem Bereich zu einer Verneinung der Eigenart.

Außerdem ist der Umfang des vorhandenen Formenschatzes zu berücksichtigen. Liegt eine hohe Designdichte (Musterdichte) vor, werden an den zu erweckenden unterschiedlichen Gesamteindruck nur geringe Anforderungen gestellt. Gibt es bislang in dem betreffenden Gebiet nur wenige Designs, werden hohe Anforderungen an den Gesamteindruck des neuen Designs gestellt, damit er 'als abweichend zu den bisherigen Designs angesehen wird.

Beispielsweise liegt eine geringe Gestaltungsfreiheit beim Entwerfen eines Designs für eine Flasche vor. Durch die erforderliche Funktionalität einer Flasche werden dem Entwerfer ein nur geringer Gestaltungsraum gelassen. Hinzu kommt, dass es eine große Vielfalt an Flaschendesigns gibt, sodass von einem umfangreichen vorbekannten Formenschatz auszugehen ist. Einem neuen Flaschendesign wird daher bereits durch kleine Unterschiede im Vergleich zu dem vorbekannten Formenschatz ein neuer Gesamteindruck zugebilligt.

Bei der Bewertung der Eigenart ist eine Merkmalsanalyse des Designs zu erstellen. Die Merkmale können hierbei nach ihrer Bedeutung gewichtet werden. Insbesondere sind Merkmale, die den Gesamteindruck mehr prägen, gegenüber Merkmalen, die den Gesamteindruck weniger prägen, höher zu gewichten. Merkmale, die rein technisch bedingt sind, bleiben unberücksichtigt.

In der Merkmalsgliederung ist der Gesamteindruck durch die einzelnen Merkmale verbal zu beschreiben. Der Gesamteindruck soll jedoch nicht als eine Aneinanderreihung der Beschreibung der Merkmale aufgefasst werden.[13] Ein Vergleich zweier Designs muss von dem jeweiligen Gesamteindruck und den diesen Gesamteindruck prägenden Merkmalen ausgehen.[14]

Das Designgesetz stellt keine Mindestanforderung an die Eigenart eines Designs. Es genügt, überhaupt einen unterschiedlichen Gesamteindruck im Vergleich zu den Designs des vorbekannten Formenschatzes zu erwecken.

---

[13] BGH, 11.12.1997, I ZR 134/95, Gewerblicher Rechtsschutz und Urheberrecht, 1998, 379 – Lunette.

[14] BGH, 18.4.1996, I ZR 160/94, Gewerblicher Rechtsschutz und Urheberrecht, 1996, 767, 769 – Holzstühle.

2.5   Verhältnis Neuheit zu Eigenart

Ein Design, das nicht neu ist, kann keine Eigenart aufweisen. Ein neues Design weist nicht zwingend Eigenart auf. Andererseits ist ein Design mit Eigenart notwendigerweise neu. Ein Design muss neu sein und Eigenart aufweisen, um rechtsbeständig zu sein. Hat ein Design Eigenart, ist es auch neu. Bei der Bewertung der Rechtsbeständigkeit genügt daher die Prüfung auf vorhandene Eigenart. Die Prüfung auf Neuheit stellt eine untergeordnete Analyse dar, die von den mit Designrecht befassten Gerichten als weitgehend obsolet angesehen wird.

2.6   Komplexe Erzeugnisse

Ein komplexes Erzeugnis besteht aus mehreren Bauteilen, aus denen das Erzeugnis zusammengebaut ist.[15] Ein einzelnes Bauteil eines komplexen Erzeugnisses stellt nur dann ein rechtsbeständiges Designrecht dar, wenn es nach dem Einbau in das komplexe Erzeugnis sichtbar bleibt, bzw. falls zumindest Abschnitte des Bauteils sichtbar bleiben. Die sichtbaren Abschnitte des Bauteils müssen die Kriterien der Neuheit und der Eigenart erfüllen, damit das Bauteil ein rechtsbeständiges Designrecht aufweist.[16]

Mit dieser Regelung hat der Gesetzgeber die Monopolmacht der Automobilhersteller und ihrer Zulieferer beschränkt. Ein möglicher Monopolschutz auf Kfz-Austauschteile sollte auf das notwendige Maß reduziert bleiben.

2.7   Schutzunfähigkeit

Das Design von Must-fit-Teilen ist nicht schutzfähig.[17] Must-fit-Teile sind in ihrer Form und Abmessungen derart ausgebildet, dass sie mit weiteren Bauteilen derart zusammengebaut werden können, dass sie ihre Funktion erfüllen können.

Mit dem Ausschluss von Must-fit-Teilen aus dem Designschutz sollte eine Kaskadierung eines Designschutzes verhindert werden. Es sollte nicht möglich sein, aus einem Initial-Designschutz zwingend komplementäre Designrechte zu erhalten. Diese Regelung gilt insbesondere für räumliche Ausgestaltungen, beispielsweise in den verkehrsüblichen Farben. Wird eine entsprechende Ausgestaltung mit außergewöhnlichen Farben entworfen, kann bezüglich der besonderen Farbgestaltung eventuell Neuheit und Eigenart eines rechtsbeständigen Designs begründet werden.

---

[15] § 1 Nr. 3 Designgesetz.

[16] § 4 Designgesetz bzw. Artikel 4 Absatz 2 GGV.

[17] § 3 Absatz 1 Nr. 2 Designgesetz bzw. Artikel 8 Absatz 2 GGV.

Erscheinungsmerkmale einer Gestaltung, die rein technisch bedingt sind, können nicht zur Rechtsbeständigkeit eines Designschutzes der Gestaltung führen.[18] Allerdings ist es nicht erforderlich, dass das Design eine ausschließlich ästhetische Funktion erfüllt. Vielmehr ist ein Industriedesign dem Designgesetz durchaus zugänglich, bei dem ein Design sowohl eine ästhetische als auch eine technische Funktion erfüllt.

Ein Designschutz ist daher möglich, wenn ein ästhetischer Gestaltungsspielraum besteht. Ist aufgrund technischer Erfordernisse kein Gestaltungsspielraum vorhanden, ist ein Designschutz ausgeschlossen.

Designs, die gegen die öffentliche Ordnung oder die guten Sitten verstoßen, können nicht in ein Register eines Patentamts aufgenommen werden. Die Kriterien der „öffentlichen Ordnung" und der „guten Sitten" stellen eine Generalklausel dar, die einem Patentamt einen Spielraum eröffnet, um Designanmeldungen, die ansonsten nicht zu beanstanden wären, zurückzuweisen.

Ein Design verletzt gegen die guten Sitten, wenn die sittliche Anschauung des durchschnittlichen Mitglieds der beteiligten Verkehrskreise verletzt ist. Hierbei ist zu berücksichtigen, dass sich die sittliche Anschauung im Laufe der Zeit verändern kann. Für die Bejahung des Verstosses gegen die guten Sitten, ist nicht die Anschauung einer überwiegenden Mehrheit der beteiligten Verkehrskreise zwingend. Es genügt, dass sich eine beachtliche Anzahl der beteiligten Verkehrskreise in ihrem Schamgefühl verletzt fühlt.[19]

Eine Verletzung der öffentlichen Ordnung ergibt sich nicht bereits dadurch, dass ein Design gegen ein einzelnes Gesetz verstößt. Vielmehr muss das Design gegen die Grundlagen des staatlichen oder wirtschaftlichen Zusammenlebens verstoßen. Das Verletzen der Regelungsabsichten untergeordneter Gesetze kann nicht zu einer Ablehnung einer Designanmeldung aufgrund des Verletzens der öffentlichen Ordnung führen.

Mit der Generalklausel soll das Patentamt davor bewahrt werden, Anstößiges oder die Grundlagen des Staats Infragestellendes mit einer amtlichen Urkunde ausstatten zu müssen. Die Öffentlichkeit soll vor derartigen Designrechten bewahrt werden.

2.8   Ersatzteile

Ersatzteile sollen dem Designschutz nicht zugänglich sein. Hierdurch wird insbesondere den Automobilherstellern und deren Zulieferern ein Riegel vor einem zu großen Einfluss auf das sogenannte Ersatzteilgeschäft vorgeschoben.

---

[18] § 3 Absatz 1 Nr. 1 Designgesetz bzw. Artikel 8 Absatz 1 GGV.
[19] BPatG, 16.9.1999, 10 W(pat) 711/99, Gewerblicher Rechtsschutz und Urheberrecht, 2000, 1026 – Penistrillerpfeife.

2.8.1 Must-fit-Teil

Ein Must-fit-Teil ist ein Bauteil, das technische Anschlussmaße aufweist, sodass es an ein oder mehrere weitere Bauteile angeschlossen werden kann. Ein Must-fit-Teil kann daher einen „genormten" Abschnitt aufweisen und einen weiteren Abschnitt, der der freien Gestaltung zugänglich ist. Mit dem genormten Abschnitt wird eine Interoperabilität bzw. ein Anschluss an ein oder mehrere Bauteile sichergestellt. Zumindest der „genormte" Abschnitt des Must-fit-Teils kann nicht durch ein Designrecht geschützt werden.

Die „Must-fit"-Regelung erlaubt den Nachbau der Anschlußmasse eines Must-fit-Teils. Sämtliche weiteren formprägenden Gestaltungselemente des Must-fit-Teils können durch ein Designrecht gegen Nachahmung geschützt sein. Deren Nachbau wäre dann monopolisiert.

Ein Beispiel für ein Must-fit-Teil ist eine Ersatz-Fahrzeugtür eines Automobils. Die Ersatz-Fahrzeugtür muss in ihren Abmessungen in die Ausnehmung des Fahrzeugs für die Tür passen und dabei die Spaltmaßvorgaben erfüllen.

2.8.2 Must-match-Teil

Für ein Ersatzteil kann es nicht nur erforderlich sein, dass ein Anschluss an weitere Bauteile ermöglicht wird, sondern dass außerdem das Ersatzteil insgesamt passt. Beispielsweise könnte eine Ersatz-Fahrzeugtür in ein Automobil eingefügt werden, die zwar passt, die aber in ihrer Erscheinungsform (Rundungen, Sicken, Einzüge usw.) nicht dasselbe Erscheinungsbild wie eine Original-Fahrzeugtür aufweist. Eine derartige Must-fit-Fahrzeugtür, die aber keine Must-match-Fahrzeugtür ist, wäre sicherlich nur schwer verkäuflich.

Must-match-Teile werden nicht vom Designgesetz ausgeschlossen. Bevor Must-match-Teile hergestellt werden, sollte daher immer zuvor eine Recherche nach möglichen Designrechten erfolgen.

2.9   Neuheitsschonfrist

Das Designgesetz gewährt dem Entwerfer eines Designs eine 12-monatige Neuheitsschonfrist.[20] Veröffentlichungen des Entwerfers oder dessen Rechtsnachfolgers, die innerhalb von 12 Monaten vor dem Anmeldetag der Designanmeldung erfolgen, bleiben bei der Bewertung von Neuheit und Eigenart außer Betracht. Für die Neuheitsschonfrist ist die lückenlose Kette, ausgehend vom Entwerfer oder dessen Rechtsnachfolger, bis zu den

---

[20] § 6 Satz 1 Designgesetz.

jeweiligen Veröffentlichungen nachzuweisen.[21] Jedwede Veröffentlichung eines Dritten, die ursprünglich von dem Entwerfer oder dessen Rechtsnachfolger stammt, ist bei der Prüfung der Rechtsbeständigkeit unberücksichtigt zu lassen. Die erstmalige Offenbarung muss von dem Entwerfer oder dessen Rechtsnachfolger herrühren. Veröffentlichungen außerhalb dieser Reihenfolge stellen die Rechtsbeständigkeit des Designs in Frage.

Bei einer missbräuchlichen Veröffentlichung gegen den Entwerfer oder dessen Rechtsnachfolger gilt ebenfalls eine 12-monatige Neuheitsschonfrist.[22]

Die Inanspruchnahme der Neuheitsschonfrist sollte nicht als ein Normalfall praktiziert werden. Eine geplante Veröffentlichung im Vertrauen auf die Neuheitsschonfrist sollte unterbleiben. Es kann unter Umständen schwer fallen, die Urheberschaft des Entwerfers oder dessen Rechtsnachfolgers zu belegen. Die Inanspruchnahme der Neuheitsschonfrist sollte als ein letzter Rettungsanker angesehen werden.

---

[21] BPatG, 14.6.1978, 6 W(pat) 77/76, Gewerblicher Rechtsschutz und Urheberrecht, 1978, 637 – Lückenlose Kette.

[22] § 6 Satz 2 Designgesetz.

Schutzwirkung

Ein eingetragenes Design gewährt seinem Rechtsinhaber das Recht, jeden Dritten von der Benutzung des Designs auszuschließen. Eine Benutzung stellt insbesondere das Herstellen, das Anbieten, das Inverkehrbringen, die Einfuhr, die Ausfuhr, den Gebrauch oder den Besitz eines Erzeugnisses dar, das das Design realisiert.[1]

Während der Dauer der Aufschiebung der Bekanntmachung[2] des Designs gilt eine Einschränkung der Schutzwirkung. Während dieser Frist kann der Designinhaber ausschließlich eine Nachahmung seines Designs verbieten.

3.1   Schutzumfang

Der Schutzumfang eines eingetragenen Designs umfasst sämtliche Designs, die bei einem informierten Benutzer denselben Gesamteindruck erwecken.[3] Ein informierter Benutzer ist ein Durchschnittsbenutzer, der in gewissen Umfang Kenntnisse der Designs hat und ein durchschnittliches Designbewusstsein aufweist. Ein informierter Benutzer ist kein Designexperte.

Der Grad der Gestaltungsfreiheit ist bei der Bestimmung des Schutzumfangs zu berücksichtigen.[4] Anhand des vorbekannten Formenschatzes sind die prägenden Merkmale des eingetragenen Designs zu bewerten. Ergibt sich ein großer Abstand zum vorbekannten Formenschatz, ist die gestalterische Leistung des Entwerfers hoch und dem Design wird ein großer Schutzumfang zugewiesen.

---

[1] § 38 Absatz 1 Designgesetz.

[2] siehe Abschn. 5.5

[3] § 38 Absatz 2 Satz 1 Designgesetz.

[4] § 38 Absatz 2 Satz 2 Designgesetz.

© Der/die Autor(en), exklusiv lizenziert durch Springer-Verlag GmbH, DE, ein Teil von   17
Springer Nature 2021
T. H. Meitinger, *Ohne Anwalt zum Designrecht*,
https://doi.org/10.1007/978-3-662-64205-4_3

Sind die prägenden Merkmale eines eingetragenen Designs und eines Designs eines Dritten identisch, so können zusätzliche Abweichungen nicht zur Konsequenz eines unterschiedlichen Gesamteindrucks führen. Insbesondere ist das Austauschen des Materials, aus dem ein Design besteht, oder das Verändern der Größenverhältnisse nicht geeignet, um einen anderen Gesamteindruck zu erwecken.[5]

Teile aus einem Design sind in aller Regel nicht selbstständig schutzfähig. Der Designschutz ergibt sich immer nur für die Gesamtheit des Designs. Dies gilt auch, falls bei den Darstellungen des Designs nur Teile dargestellt sind.[6]

3.2   Grenzen der Schutzwirkung

Die Schutzwirkung eines Designrechts hat Grenzen. Der Unterlassungsanspruch des Designinhabers kann gegen einzelne Handlungen oder bei Vorliegen besonderer Umstände nicht durchgesetzt werden.

3.2.1 Erschöpfung

Erschöpfung tritt ein, falls in einem EU-Mitgliedsstaat oder in einem anderen Vertragsstaat des Abkommens über den Europäischen Wirtschaftsraum (EWR)[7] mit Zustimmung des Designinhabers ein Produkt mit seinem Design benutzt wird. Erschöpfung hat zur Folge, dass der Designinhaber die weitere Verwendung des Produkts innerhalb der Europäischen Union oder des Europäischen Wirtschaftsraums nicht verbieten kann.[8]

3.2.2 Vorbenutzungsrecht

Ein Dritter, der ein Design bereits vor dem Anmelde- oder Prioritätstag des Designs in Benutzung hatte oder ernsthafte Anstrengungen hierzu getätigt hat, kann das Design auch nach der Eintragung zum Designrecht weiterverwenden.[9] Eine Lizenzvergabe des Vorbenutzers an weitere Personen oder Unternehmen ist jedoch ausgeschlossen.[10] Die

---

[5] BGH, 12.10.1995, I ZR 191/93, Gewerblicher Rechtsschutz und Urheberrecht, 1996, 57 – Spielzeugautos.

[6] BGH, 8.3.2012, I ZR 124/10, Gewerblicher Rechtsschutz und Urheberrecht, 2012, 1139 – Weinkaraffe.

[7] Abkommen über den Europäischen Wirtschaftsraum (EWR), https://eur-lex.europa.eu/legal-content/DE/TXT/HTML/?uri=CELEX:01994A0103(01)-20170622&from=DE, abgerufen am 12. Juli 2021.

[8] Artikel 21 GGV.

[9] § 41 Absatz 1 Satz 1 Designgesetz bzw. Artikel 22 Absatz 1 GGV.

[10] § 41 Absatz 1 Satz 3 Designgesetz bzw. Artikel 22 Absatz 3 GGV.

Benutzung des Designs musste gutgläubig sein. Außerdem musste die Aufnahme der Benutzung bei einem deutschen Designrecht innerhalb Deutschlands erfolgt sein. Bei einem Gemeinschaftsgeschmacksmuster wird ein Vorbenutzungsrecht erworben, wenn die Vorbenutzung innerhalb der Europäischen Union erfolgte.

Voraussetzung eines Vorbenutzungsrechts ist, dass das identische Design unabhängig und gutgläubig entwickelt und in Benutzung genommen wurde. Bereits durch die Aufnahme ernsthafter Anstalten zur Benutzung des Designs ergibt sich das Vorbenutzungsrecht.

Durch das Vorbenutzungsrecht soll der redliche mit Aufwand verbundene Erwerb eines Designs nicht durch das Eintragen eines Designs vergeblich geworden sein. Allerdings muss tatsächlich ein Erwerb des Designs vorliegen. Erste grundsätzliche Designstudien oder Markterhebungen können kein Vorbenutzungsrecht begründen.

3.2.3 Handlungen im privaten Bereich

Handlungen im privaten Bereich sind grundsätzlich außerhalb des Schutzbereichs eines Designrechts.[11] Handlungen im privaten Bereich ist ein Gebrauch im häuslichen Bereich oder zu persönlichen Zwecken. Der Gegensatz zu einer privaten Handlung ist eine gewerbsmäßige Handlung. Eine gewerbsmäßige Handlung ist bereits das Aufstellen eines Designs in dem Wartebereich eines Unternehmens oder dem Wartezimmer eines Arztes. Der Designinhaber hat in diesem Fall einen Unterlassungsanspruch gegen das Unternehmen oder den Arzt.

3.2.4 Handlungen zu Versuchszwecken

Es besteht kein Unterlassungsanspruch gegen Handlungen zu Versuchszwecken.[12] Handlungen zu Versuchszwecken sind das Durchführen von Experimenten zur Gewinnung von Erkenntnissen über das eingetragene Design. Wird das eingetragene Design jedoch dazu genutzt, Versuche zu ermöglichen, ohne dass Erkenntnisse über das Design selbst gewonnen werden sollen, sind die Versuche ohne die Zustimmung des Designinhabers nicht zulässig.[13]

---

[11] § 40 Nr. 1 Designgesetz bzw. Artikel 20 Absatz 1 Buchstabe a GGV.

[12] § 40 Nr. 2 Designgesetz bzw. Artikel 20 Absatz 1 Buchstabe b GGV.

[13] BGH, 11.7.1995, X ZR 99/92, Gewerblicher Rechtsschutz und Urheberrecht, 1996, 109 – klinische Versuche.

3.2.5 Zitieren eines Designrechts

Eine Darstellung eines eingetragenen Designs in einem Werk, beispielsweise einem Fach-
buch, ist zulässig, solange die Wiedergabe zum Begründen und Nachvollziehen eigener
Gedanken und Ausführungen dient.[14] Eine zulässige Illustration mit einem eingetragenen
Design dient daher ausschließlich der Verbindung des Designs mit eigenen Ausführun-
gen. Zur korrekten Zitierung gehört die Quellenangabe. Hierzu kann ein Verweis auf die
Fundstelle im Register des Patentamts dienen.

3.2.6 Einrichtungen in Schiffen und Luftfahrzeugen

Es besteht keine Schutzwirkung des eingetragenen Designs, falls das Design auf einem
Schiff oder in einem Flugzeug benutzt wird, solange das Schiff oder das Flugzeug nur
vorübergehend im Geltungsbereich des Designs ist.[15] Außerdem ist die Einfuhr von
Ersatzteilen und Zubehör für das Schiff oder das Flugzeug und deren Reparatur und
Wartung mit den Ersatzteilen und dem Zubehör auch bei bestehenden Designrechten
zulässig.[16] Voraussetzung für den Ausschluss der Schutzwirkung ist, dass das Schiff oder
das Flugzeug nicht im Geltungsbereich des eingetragenen Designs zugelassen ist. Der
Geltungsbereich eines deutschen eingetragenen Designs ist das Hoheitsgebiet der Bundesrepublik Deutschland und bei einem Gemeinschaftsgeschmacksmuster die Hoheitsgebiete
der EU-Mitgliedsstaaten. Hierdurch soll verhindert werden, dass der internationale Güter-
und Personenverkehr durch das Designrecht beeinträchtigt wird.

---

[14] § 40 Nr. 3 Designgesetz bzw. Artikel 20 Absatz 1 Buchstabe c GGV.
[15] § 40 Nr. 4 Designgesetz bzw. Artikel 20 Absatz 2 Buchstabe a GGV.
[16] § 40 Nr. 5 Designgesetz bzw. Artikel 20 Absatz 2 Buchstabe b und c GGV.

Rechte des Inhabers eines eingetragenen Designs

4

Der Designinhaber kann jedem Dritten verbieten, sein eingetragenes Design zu benutzen. Ein Designrecht ist ein Verbietungsrecht. Eine verbietbare Benutzungshandlung ist das Herstellen, das Anbieten, das Inverkehrbringen, die Einfuhr, die Ausfuhr, der Besitz oder der Gebrauch eines Erzeugnisses, das das Design realisiert.[1]

Ein unberechtigter Dritter, der ein eingetragenes Design benutzt, kann auf Beseitigung der Beeinträchtigung in Anspruch genommen werden. Besteht Erstbegehungs- oder Wiederholungsgefahr kann der Designinhaber einen Unterlassungsanspruch geltend machen. Außerdem steht dem Designinhaber Schadensersatz zu, falls der Designverletzer vorsätzlich oder fahrlässig gehandelt hat.

Berechtigte eines Unterlassungsanspruchs sind der Schutzrechtsinhaber und ein exklusiver Lizenznehmer (Synonym: ausschließlicher Lizenznehmer). Ein einfacher Lizenznehmer hat nur das Recht der Benutzung des Designs. Sein Recht wird durch die Verletzung des Designs nicht berührt. Ein einfacher Lizenznehmer ist daher durch das Designrecht nicht aktivlegitimiert, Rechtsverletzungen selbsttätig zu verfolgen. Allerdings kann der einfache Lizenznehmer durch den Schutzrechtsinhaber berechtigt werden, die Rechte aus dem Design durchzusetzen.

In einem Streitfall wird zunächst zu Gunsten des Schutzrechtsinhabers vermutet, dass sein Designrecht rechtsbeständig ist.[2] Die Rechtsbeständigkeit kann in einem Verletzungsverfahren nur durch eine Widerklage oder durch das Stellen eines Nichtigkeitsantrags beim Patentamt angefochten werden. Ein Nichtigkeitsantrag führt in aller Regel zum Aussetzen des Verletzungsverfahrens.

---

[1] § 38 Absatz 1 Satz 2 Designgesetz bzw. Artikel 19 Absatz 1 Satz 2 GGV.

[2] § 39 Designgesetz.

© Der/die Autor(en), exklusiv lizenziert durch Springer-Verlag GmbH, DE, ein Teil von Springer Nature 2021
T. H. Meitinger, *Ohne Anwalt zum Designrecht*,
https://doi.org/10.1007/978-3-662-64205-4_4

4.1 Unterlassungsanspruch

Ein Unterlassungsanspruch besteht, falls Erstbegehungs- oder Wiederholungsgefahr zu besorgen ist. Eine Erstbegehungsgefahr liegt vor, falls eine Designverletzung zu erwarten ist. Eine Erstbegehungsgefahr besteht beispielsweise, falls ein potenzieller Designverletzer verlautbart hat, das betreffende Designrecht nicht zu respektieren oder falls der potenzielle Designverletzer plant, ein identisches Design beim Patentamt anzumelden.

Liegt bereits eine Verletzungshandlung vor, steht eine Wiederholungsgefahr im Raum. An das Ausräumen einer Wiederholungsgefahr werden hohe Anforderungen gestellt. In aller Regel entfällt eine Wiederholungsgefahr nur, falls eine strafbewehrte Unterlassungserklärung von dem Designverletzer abgegeben wird. Die Vertragsstrafe muss dabei eine Höhe aufweisen, die die Ernsthaftigkeit der Absicht des Designverletzers, keine weiteren Verletzungshandlungen vorzunehmen, widerspiegelt. Eine bloße Absichtserklärung genügt keinesfalls, um eine Wiederholungsgefahr zu bannen. Wurde die Wiederholungsgefahr nicht ausgeräumt, besteht für den Schutzrechtsinhaber die Möglichkeit, die Wiederholungsgefahr in einem Klageverfahren vor einem ordentlichen Gericht zu beenden.

4.2 Schadensersatz

Erfolgt eine Designverletzung vorsätzlich oder fahrlässig, steht dem Schutzrechtsinhaber Schadensersatz zu.[3] Fahrlässigkeit liegt vor, falls die im Verkehr erforderliche Sorgfalt außer Acht gelassen wird.[4] Fahrlässig handelt bereits derjenige, der keine Recherchen durchführt, ob es für sein Vorhaben zu beachtende Designrechte gibt.[5]

Es gibt drei Varianten der Berechnung eines Schadensersatzes. Es kann der entgangene Gewinn geltend gemacht werden. Außerdem kann nach der Lizenzanalogie der Schadensersatz ermittelt werden. Als dritte Variante kann der Schutzrechtsinhaber die Herausgabe des Verletzergewinns verlangen. Der Schutzrechtsinhaber ist in seiner Wahl der Bestimmung des Schadensersatzes frei.[6]

---

[3] § 42 Absatz 2 Satz 1 Designgesetz.

[4] § 276 Absatz 2 BGB.

[5] BGH, 14.1.1958, I ZR 171/56, Gewerblicher Rechtsschutz und Urheberrecht, 1958, 288, 290 – Dia-Rähmchen.

[6] BGH, 17.6.1992, I ZR 107/90, Gewerblicher Rechtsschutz und Urheberrecht, 1993, 55, 57 – Tchibo/Rolex II.

4.2.1 Ersatz des entgangenen Gewinns

Der entgangene Gewinn umfasst den Gewinn, der nach dem gewöhnlichen Lauf der Dinge zu erwarten gewesen wäre. Hierbei ist insbesondere der Umfang der Vorkehrungen zu berücksichtigen, die der Designinhaber getroffen hat, um sein Schutzrecht auszubeuten. Der Schutzrechtsinhaber hat die Kausalität der Verletzungshandlungen und des entgangenen Gewinns nachzuweisen.[7]

4.2.2 Lizenzanalogie

Die Anwendung der Lizenzanalogie ist die häufigste Variante zur Berechnung des Schadensersatzes. Hierbei wird ein Lizenzsatz angesetzt, der dem entspricht, was vernünftige Vertragsparteien als angemessen erachten würden.[8]

4.2.3 Herausgabe des Verletzergewinns

Der Schutzrechtsinhaber kann die Übertragung des Verletzergewinns verlangen.[9] Die Herausgabe des Verletzergewinns spielte in der Vergangenheit keine große Bedeutung, da der Verletzer sich regelmäßig „arm rechnete". Durch eine Entscheidung des Bundesgerichtshofs wurde diesem Missbrauch ein Riegel vorgeschoben.[10]

4.3   Auskunftsanspruch

Dem Schutzrechtsinhaber steht ein Recht auf Auskunft über die Herkunft und die Vertriebswege der designverletzenden Produkte zu.

Der Verletzer hat insbesondere die Namen und die Anschrift der Hersteller und der Lieferanten der designverletzenden Erzeugnisse mitzuteilen. Zusätzlich ist Auskunft über die Menge der hergestellten, ausgelieferten, erhaltenen oder bestellten Erzeugnisse sowie die jeweiligen Preise zu erteilen.[11]

---

[7] BGH, 13.7.1962, I ZR 37/61, Gewerblicher Rechtsschutz und Urheberrecht, 1962, 580, 583 – Laux-Kupplung II.

[8] BGH, 13.3.1962, I ZR 18/61, Gewerblicher Rechtsschutz und Urheberrecht, 1962, 401, 404 – Kreuzbodenventilsäcke III.

[9] § 42 Absatz 2 Satz 2 Designgesetz.

[10] BGH, 2.11.2000, I ZR 246/98, Gewerblicher Rechtsschutz und Urheberrecht, 2001, 329 – Gemeinkostenanteil.

[11] § 46 Absatz 3 Designgesetz.

Der Designverletzer könnte verlangen, dass diese Angaben ausschließlich einer neutralen Person mitgeteilt werden, die diese Angaben auswertet, um beispielsweise den Schadensersatz zu berechnen. Eine derartige neutrale Person könnte ein Wirtschaftsprüfer sein. Die Verletzungsgerichte lehnen den Einsatz einer neutralen Person, beispielsweise eines Wirtschaftsprüfers, zur Durchsetzung des Auskunftsanspruchs des Schutzrechtsinhabers ab.

4.4   Vernichtung, Rückruf und Überlassung

Der Schutzrechtsinhaber hat einen Anspruch auf Vernichtung der rechtsverletzenden Produkte. Alternativ kann er die Übereignung zu seinem Eigentum verlangen. Eventuell sind hierbei dem Designverletzer die Herstellungskosten zu vergüten. Außerdem kann der Designinhaber den Rückruf von rechtswidrig hergestellten Erzeugnissen und deren endgültige Entfernung aus den Vertriebswegen verlangen. Diese Ansprüche können nur durchgesetzt werden, falls Verhältnismäßigkeit gewahrt ist. Bei der Bewertung der Verhältnismäßigkeit sind nicht nur die Interessen des Designverletzers, sondern aller weiteren Beteiligten zu berücksichtigen.[12]

4.5   Strafvorschriften

Die zunehmende Produktpiraterie führte zur Einführung von Strafvorschriften gegen die Verletzung von Designrechten. Die rechtswidrige Benutzung eines Designrechts kann mit einer Freiheitsstrafe bis zu drei Jahren bestraft werden.[13] Liegt eine gewerbsmäßige Verletzung vor, kann eine Freiheitsstrafe von bis zu fünf Jahren gegen den Verletzer verhängt werden.[14] Eine Freiheitsstrafe kann nur verhängt werden, falls die Verletzungshandlung vorsätzlich erfolgte.

4.6   Grenzen der Ansprüche des Designinhabers

Es gibt Umstände, die eine Durchsetzung der Ansprüche des Designinhabers verhindern.

---

[12] § 43 Designgesetz.
[13] § 51 Absatz 1 Designgesetz.
[14] § 51 Absatz 2 Designgesetz.

4.6.1 Verjährung

Ansprüche aus einem deutschen eingetragenen Designrecht verjähren nach drei Jahren.[15] Fristbeginn ist das Erkennen der Rechtsverletzung durch den Designinhaber. Für Gemeinschaftsgeschmacksmuster gilt die jeweilige nationale Regelung.[16]

4.6.2 Verwirkung

Verstößt die Geltendmachung eines Anspruchs gegen Treu und Glauben, da der Designinhaber eine lange Zeit schuldhaft untätig war, so tritt Verwirkung ein. Außerdem muss der Nichtberechtigte durch die Benutzung des Designs einen wertvollen Besitzstand erworben haben und der Nichtberechtigte muss gutgläubig gehandelt haben. In diesem Fall verstösst eine Durchsetzung der Rechte des Designinhabers gegen den Grundsatz von Treu und Glauben.[17]

4.6.3 Erschöpfung

Wurde mit Zustimmung des Designinhabers ein Produkt mit seinem Design in einen Mitgliedsstaat der Europäischen Union oder in einen Vertragsstaat des Abkommens über den europäischen Wirtschaftsraum eingeführt, kann der Designinhaber die weitere wirtschaftliche Verwertung des Produkts innerhalb der Europäischen Union oder innerhalb des europäischen Wirtschaftsraums nicht beeinflussen, insbesondere verbieten. Dies gilt auch, falls der Designinhaber im Einführungsstaat kein Designrecht hält und in einem Weiterverwertungsstaat ein Designrecht des Designinhabers besteht.

4.6.4 Älteres Recht

Der Inhaber eines eingetragenen deutschen Designs oder eines Gemeinschaftsgeschmacksmusters mit einem früheren Anmeldetag im Vergleich zu einem zweiten identischen Design eines Dritten genießt ein Benutzungsrecht des Designs. Ein Recht zur Benutzung eines Designs, beispielsweise durch ein älteres Designrecht, kann durch zeitlich nachfolgende Designrechte nicht beeinträchtigt werden.

---

[15] § 49 Satz 1 Designgesetz.
[16] Artikel 88 Absatz 2 GGV.
[17] § 242 BGB.

4.6.5 Vorbenutzungsrecht

Stand ein Design durch einen Dritten bereits vor dem Anmelde- oder Prioritätstag einer Designanmeldung im Gebrauch, so kann das Designrecht gegen den Dritten nicht geltend gemacht werden. Der Dritte ist weiterhin befugt, das Design für die Bedürfnisse seines Betriebs zu benutzen. Hierdurch wird ein Investitionsschutz für den redlichen Erwerb des Designs sichergestellt.

Deutsches Design

5

Ein Schutz eines Designs für das Hoheitsgebiet der Bundesrepublik Deutschland entsteht mit der Eintragung in das Register des deutschen Patentamts. Das Designregister des deutschen Patentamts wird in Jena geführt.

5.1 Recht auf das eingetragene Design

Das Recht auf das eingetragene Design steht dem Entwerfer oder dessen Rechtsnachfolger zu. Liegt eine Gemeinschaft von Entwerfern vor, so steht das Recht an dem eingetragenen Design den Entwerfern bzw. deren Rechtsnachfolgern gemeinschaftlich zu.[1]

Wird ein Design von einem angestellten Entwerfer während seiner beruflichen Tätigkeit oder auf Anweisungen seines Arbeitgebers geschaffen, so steht das Recht an dem eingetragenen Design dem Arbeitgeber zu. Durch Vereinbarung kann etwas anderes geregelt sein.[2] Diese Regelung gilt nur für Arbeitsverhältnisse, nicht aber für Auftragsverhältnisse. Das Recht auf ein eingetragenes Design, das im Auftrag eines Auftraggebers entstand, geht nicht aufgrund des Auftragsverhältnisses auf den Auftraggeber über.[3]

Zur automatischen Übertragung des Rechts an dem eingetragenen Design ist daher eine persönliche abhängige Stellung des Entwerfers erforderlich, wobei der Arbeitgeber ein Weisungsrecht bezüglich des Inhalts und der Art und Weise der Tätigkeit, insbesondere in zeitlicher Hinsicht, in örtlicher Hinsicht und der Dauer der Tätigkeit, hat. Der Entwerfer muss außerdem verpflichtet sein, sich in die betrieblichen Arbeitsabläufe einzugliedern.

Durch die Schaffung eines Designs erwirbt der Entwerfer ein Anwartschaftsrecht. Der Entwerfer wird hierdurch gegen die unbefugte Entnahmehandlung eines Dritten geschützt.

---

[1] § 7 Absatz 1 Designgesetz.
[2] § 7 Absatz 2 Designgesetz.
[3] EuGH, 2.7.2009, C-32/08.

Wird ein Design auf den Namen eines Nichtberechtigten eingetragen, kann der Entwerfer die Übertragung oder die Löschung des Designrechts verlangen.[4] Wird bei einer Entwerfergemeinschaft ein Entwerfer bei der Eintragung des Designs nicht als Rechteinhaber berücksichtigt, kann er eine Mitinhaberschaft beanspruchen.

Das Designrecht sieht vor, dass der Entwerfer ein Recht auf Nennung hat. Hierdurch soll es dem Entwerfer ermöglicht werden, sich einen guten Ruf aufzubauen. Diesem Recht wird nicht mit der Nennung von Pseudonymen genügt. Ist das Design das Ergebnis der Tätigkeit eines Entwerfer-Teams, ist die Nennung der Bezeichnung des Entwerfer-Teams nicht möglich. Stattdessen ist jeder einzelne Entwerfer zu nennen.[5]

5.2   Priorität

Die Priorität wird durch die Pariser Verbandsübereinkunft (PVÜ) geregelt. Die PVÜ stellt hierbei nationales Recht dar. Aus diesem Grund ist es nicht erforderlich, dass das Designgesetz beispielsweise eine Bestimmung der Dauer der Prioritätsfrist enthält. Nach Artikel 4 C Absatz 1 PVÜ beträgt die Prioritätsfrist für Designs sechs Monate. Voraussetzung für die Inanspruchnahme einer Priorität ist, dass in einem Verbandsland des PVÜ eine erste Hinterlegung eines Designs erfolgte, die zu einer vorschriftsmäßigen Anmeldung und einem Anmeldetag geführt hat. Die Inanspruchnahme der Priorität kann nur für eine Anmeldung erfolgen, die innerhalb von sechs Monaten nach dem Anmeldetag der früheren Designanmeldung eingereicht wurde.

Innerhalb von 16 Monaten nach dem Anmeldetag der früheren Designanmeldung muss der Anmeldetag, das Land, das Aktenzeichen und eine Abschrift der früheren Designanmeldung dem deutschen Patentamt übermittelt werden, um die Priorität der früheren Designanmeldung wirksam in Anspruch zu nehmen.[6]

Eine „Ausstellungspriorität" kann wahrgenommen werden, falls das Design auf einer geeigneten inländischen oder ausländischen Ausstellung vorgestellt wurde.[7] Diese besonderen Ausstellungen werden vom Bundesministerium der Justiz im Bundesanzeiger bekannt gegeben. Der Prioritätstag ist der Tag, an dem das Design zum ersten Mal auf der Ausstellung gezeigt wurde.

---

[4] § 9 Absatz 1 Satz 1 Designgesetz.
[5] § 10 Designgesetz.
[6] § 14 Absatz 1 Satz 1 Designgesetz.
[7] § 15 Absatz 1 Designgesetz.

5.3 Anmelde- und Eintragungsverfahren

Eine Anmeldung eines deutschen Designrechts wird beim deutschen Patentamt einge-reicht.[8] Anmelder können natürliche Personen, juristische Personen und Personengesell-schaften sein.

Eine Designanmeldung muss zumindest umfassen:[9]

1. einen unterschriebenen Antrag auf Eintragung eines Designs
2. Angaben zur Identität des Anmelders
3. eine Wiedergabe des Designs (Foto oder Zeichnung), die zur Veröffentlichung geeignet ist, und
4. eine Angabe der Erzeugnisse, bei denen das Design verwendet werden soll.

Die Angaben 1. bis 3. sind erforderlich, um einen Anmeldetag zu erhalten. Die Angabe der Erzeugnisse (Nr. 4) muss zusätzlich angegeben werden, damit das Design in das Register eingetragen wird.[10] Die Erzeugnisangabe soll nicht mehr als fünf Warenbegriffe aufweisen.

Die Designanmeldung kann weitere Angaben enthalten:[11]

- eine oder mehrere Warenklassen, in die das Design einzuordnen ist,
- die Angabe des Entwerfers,
- einen Antrag auf Aufschiebung der Veröffentlichung der Wiedergabe des Designs,
- eine Erläuterung der Wiedergabe und
- die Angabe eines Vertreters.

Die Angaben der Warenklassen und der Erzeugnisse, für die das Design verwendet wer-den soll, haben keinen Einfluss bei der Bestimmung des Schutzbereichs des Designs.[12] Die Klassifizierung dient ausschließlich der Aufgabe, das Designregister übersichtlich zu halten.

Die Erläuterung der Wiedergabe kann als Disclaimer genutzt werden. Hierbei wird beschrieben, welche Bestandteile der Darstellung des Designs nicht beansprucht wer-den. Diese Merkmale entfallen bei der Bewertung des Schutzbereichs, wodurch der Schutzbereich größer wird. Die Erläuterung darf nicht mehr als 100 Wörter umfassen.[13]

Das Design wird vor der Eintragung in das Register nicht auf die materiellen Vorausset-zungen der Rechtsbeständigkeit geprüft. Es findet insbesondere keine Prüfung auf Neuheit

---

[8] § 11 Absatz 1 Satz 1 Designgesetz.

[9] § 11 Absatz 2 Designgesetz.

[10] § 11 Absatz 3 Designgesetz.

[11] § 11 Absatz 5 Designgesetz.

[12] § 11 Absatz 6 Designgesetz.

[13] § 10 Absatz 2 Satz 1 Designverordnung.

und Eigenart statt. Das Design wird ausschließlich auf formale Erfordernisse geprüft.[14] Sind diese formalen Anforderungen erfüllt, wird das Design im Register aufgenommen.

Stellt das Patentamt formale Mängel fest, wird der Anmelder aufgefordert, innerhalb einer vom Patentamt gesetzten Frist die Mängel zu beseitigen.[15] Unterbleibt die Beseitigung der Mängel durch den Anmelder, wird die Designanmeldung zurückgewiesen.[16]

5.4   Sammelanmeldung

In einer Sammelanmeldung können bis zu 100 Designs gemeinsam beim deutschen Patentamt eingereicht werden. Der Vorteil einer Sammelanmeldung liegt in der nur einmal zu zahlenden Anmeldegebühr. Die Designs einer Sammelanmeldung müssen nicht mehr, wie früher gefordert, derselben Warenklasse angehören, sodass eine Sammelanmeldung eine alleinige Rabattfunktion erfüllt. Bei der nach jeweils fünf Jahren notwendigen Verlängerung des Designschutzes muss für jedes einzelne Design der Sammelanmeldung eine Aufrechterhaltungsgebühr entrichtet werden.

Eine Sammelanmeldung kann jederzeit geteilt werden.[17] Es bietet sich daher an, bei ungewissem zukünftigen wirtschaftlichen Erfolg einzelner Designs, diese zunächst komplett in einer Sammelanmeldung anzumelden. Bevor eine Verlängerungsgebühr fällig wird, kann eine Teilanmeldung erklärt werden und ausschließlich die Designs, die wirtschaftlich vielversprechend sind, in der Teilanmeldung aufgenommen werden. Die Designs der Teilanmeldung können mit der Entrichtung der Gebühren verlängert werden. Die restlichen Designs können durch Nichtzahlung der Aufrechterhaltungsgebühren fallen gelassen werden.

5.5   Aufschiebung der Bekanntmachung der Wiedergabe eines Designs

Die Wiedergabe eines Designs kann um 30 Monate ab dem Anmeldetag aufgeschoben werden. In diesem Fall wird nur die Tatsache, dass das Design in das Register eingetragen wurde, bekanntgegeben.[18] Die Darstellungen des Designs bleiben zunächst geheim.

Bei einer Sammelanmeldung kann der Designanmelder die Veröffentlichung nach Ablauf der 30 Monate auf einzelne Designs beschränken. Die anderen Designs erlöschen mit Ablauf der 30 Monate. Bei einem Antrag auf Aufschiebung der Bekanntmachung der Wiedergabe verringern sich die Anmeldegebühren.

---

[14] § 16 Absatz 1 Designgesetz.

[15] § 16 Absatz 3 Satz 1 Designgesetz.

[16] § 16 Absatz 3 Satz 3 Designgesetz.

[17] § 12 Designverordnung.

[18] § 21 Absatz 1 Designgesetz.

Tab. 5.1 Amtsgebühren des DPMA

Anmeldegebühr eines einzelnen Designs	
elektronische Anmeldung	60.00 €
Anmeldung in Papierform	70.00 €
Anmeldegebühr einer Sammelanmeldung	
bei elektronischer Anmeldung je Design (mindestens 60 €)	6.00 €
bei Anmeldung in Papierform je Design (mindestens 70 €)	7.00 €

Tab. 5.2 Aufrechterhaltungsgebühren des DPMA

Aufrechterhaltungsgebühren	
Erste Verlängerungsgebühr (6. bis 10. Schutzjahr)	90.00 €
Zweite Verlängerungsgebühr (11. bis 15. Schutzjahr)	120.00 €
Dritte Verlängerungsgebühr (16. bis 20. Schutzjahr)	150.00 €
Vierte Verlängerungsgebühr (21. bis 25. Schutzjahr)	180.00 €

5.6 Amtsgebühren

In der Tab. 5.1 sind die Amtsgebühren einer Designanmeldung aufgelistet (Stand vom 11. Juli 2021).

In der Tab. 5.2 werden die Verlängerungsgebühren beziffert (Stand vom 11. Juli 2021). Die Verlängerungsgebühren für ein deutsches Design und für ein Gemeinschaftsgeschmacksmuster sind identisch.

Sämtliche Amtsgebühren können der Website des deutschen Patentamts entnommen werden.[19]

5.7 Fristen

In der Tab. 5.3 sind die Fristen eines deutschen Designs am Beispiel des Anmeldetags 11. Juli 2021 aufgeführt.

Die Anmeldegebühr kann innerhalb der ersten drei Monate nach Anmeldung des Designs entrichtet werden. Die maximale Schutzdauer beträgt 25 Jahre, wobei jeweils für 5-Jahresabschnitte eine Aufrechterhaltungsgebühr zu bezahlen ist. Eine Aufrechterhaltungsgebühr ist daher für das 6–10., das 11–15., das 16–20. und das 21–25. Jahr zu entrichten.

---

[19] DPMA, https://www.dpma.de/service/gebuehren/designs/index.html, abgerufen am 11. Juli 2021.

Tab. 5.3 Fristen des DPMA

Fristen eines deutschen Designs		
Anmeldetag		11.07.2021
Zahlung der Anmeldegebühr	3 Monate nach Anmeldetag	11.10.2021
Prioritätsfrist	6 Monate nach Anmeldetag	11.01.2021

Tab. 5.4 Fristen zur Zahlung der Aufrechterhaltungsgebühren des DPMA

Fristen zur Zahlung der Aufrechterhaltungsgebühren	
Anmeldetag	11.07.2021
Erste Verlängerungsgebühr (6. bis 10. Schutzjahr)	Ende September 2026
Zweite Verlängerungsgebühr (11. bis 15. Schutzjahr)	Ende September 2031
Dritte Verlängerungsgebühr (16. bis 20. Schutzjahr)	Ende September 2036
Vierte Verlängerungsgebühr (21. bis 25. Schutzjahr)	Ende September 2041

In der Tab. 5.4 sind die Fristen zur Zahlung der Aufrechterhaltungsgebühren eines deutschen Designs aufgelistet. Die Aufrechterhaltungsgebühren für die nachfolgende fünfjährige Schutzperiode sind spätestens zum Ende des zweiten auf den Anmeldemonat folgenden Monats zu entrichten. Die Aufrechterhaltungsgebühren sind daher jeweils nach 5, 10, 15 und 20 Jahren zu bezahlen.[20]

5.8   Designstellen und Designabteilungen

Im deutschen Patentamt gibt es Designstellen und Designabteilungen. Eine Designstelle ist für jede Entscheidung in einem Designverfahren zuständig, außer für Entscheidungen zu Nichtigkeitsverfahren. Eine Designstelle ist mit einem rechtskundigen Mitglied des deutschen Patentamts besetzt. Eine Designabteilung ist mit drei rechtskundigen Mitgliedern des Patentamts besetzt.

Gegen die Entscheidungen der Designstellen oder der Designabteilungen kann Beschwerde vor dem Bundespatentgericht erhoben werden. Über eine Beschwerde entscheidet ein Beschwerdesenat mit drei rechtskundigen Richtern.

---

[20] DPMA, https://www.dpma.de/service/gebuehren/designs/index.html abgerufen am 11. Juli 2021.

5.9   Weiterbehandlung

Wurde vom Anmelder eine Frist versäumt und wurde aufgrund des Versäumnisses die Designanmeldung zurückgewiesen, kann der Anmelder Weiterbehandlung beantragen und die Handlung nachholen. Hierdurch wird die Zurückweisung wirkungslos.[21] Der Antrag der Weiterbehandlung und das Nachholen der Handlung muss innerhalb eines Monats nach der Zustellung des Beschlusses über die Zurückweisung erfolgen.[22] Eine Weiterbehandlung ist kostenpflichtig. Die Gebühr der Weiterbehandlung ist ebenfalls innerhalb der Monats-Frist zu entrichten.[23]

---

[21] § 17 Absatz 1 Designgesetz.
[22] § 17 Absatz 2 Designgesetz.
[23] § 3 Absatz 1 Satz 1 Patentkostengesetz.

Europäisches Design

6

Beim EUIPO[1] kann ein Gemeinschaftsgeschmacksmuster angemeldet werden. Außerdem kann ein nicht eingetragenes Gemeinschaftsgeschmacksmuster durch die Veröffentlichung eines Designs entstehen.

6.1 Einheitlichkeit

Ein Gemeinschaftsgeschmacksmuster entfaltet seine Schutzwirkung für alle Mitgliedsstaaten der Europäischen Union. Ein Gemeinschaftsgeschmacksmuster ist nicht teilbar. Wird das Gemeinschaftsgeschmacksmuster für nichtig erklärt, ergibt sich für kein Land der Europäischen Union mehr eine Schutzwirkung.[2]

6.2 Amtsgebühren

Durch die Anmeldung eines Gemeinschaftsgeschmacksmusters werden eine Eintragungs-, eine Bekanntmachungs- bzw. eine Aufschiebungsgebühr fällig. Wird eine Aufschiebung der Bekanntmachung der Wiedergabe beantragt, wird statt der Bekanntmachungsgebühr die Aufschiebungsgebühr fällig. Zur Berechnung der erforderlichen Amtsgebühren kann der Gebührenrechner des EUIPO genutzt werden.[3]

Der Tab. 6.1 (Stand vom 10. Juli 2021) können die Anmeldegebühren des EUIPO entnommen werden.

---

[1] European Union Intellectual Property Office (Amt der Europäischen Union für geistiges Eigentum).

[2] Artikel 1 Absatz 3 Satz 1 GGV.

[3] EUIPO, https://euipo.europa.eu/ohimportal/de/rcd-fees-and-payments, abgerufen am 10. Juli 2021.

T. H. Meitinger, *Ohne Anwalt zum Designrecht*,
https://doi.org/10.1007/978-3-662-64205-4_6

Tab. 6.1 Anmeldegebühren des EUIPO

Eintragung	
Grundgebühr	230.00 €
Je zusätzlichem GGM (2 bis 10)	115.00 €
Ab dem elftem GGM	50.00 €
Bekanntmachung	
Grundgebühr	120.00 €
Je zusätzlichem GGM (2 bis 10)	60.00 €
Ab dem elftem GGM	30.00 €
Aufschiebung	
Grundgebühr	40.00 €
Je zusätzlichem GGM (2 bis 10)	20.00 €
Ab dem elftem GGM	10.00 €

Tab. 6.2 Verlängerungsgebühren des EUIPO

Verlängerungsgebühren	
Erste Verlängerungsgebühr (6. bis 10. Schutzjahr)	90.00 €
Zweite Verlängerungsgebühr (11. bis 15. Schutzjahr)	120.00 €
Dritte Verlängerungsgebühr (16. bis 20. Schutzjahr)	150.00 €
Vierte Verlängerungsgebühr (21. bis 25. Schutzjahr)	180.00 €

Der Tab. 6.2 können die Verlängerungsgebühren des EUIPO entnommen werden. Sämtliche Gebühren des EUIPO können in der Website des EUIPO eingesehen werden.[4]

6.3   Nicht eingetragenes Gemeinschaftsgeschmacksmuster

Im Gegensatz zum deutschen Designrecht kennt das europäische Designrecht einen Designschutz, der ohne Eintragung entsteht. Dieses nicht eingetragene Gemeinschaftsgeschmacksmuster entsteht durch die erste Veröffentlichung des Designs in einem EU-Mitgliedsstaat. Die Schutzwirkung des nicht eingetragenen Gemeinschaftsgeschmacksmusters erstreckt sich auf alle EU-Mitgliedsstaaten. Wird ein Design außerhalb der Europäischen Union veröffentlicht, entsteht kein nicht eingetragenes Gemeinschaftsgeschmacksmuster.

Hat man versäumt, sich ein Designrecht eintragen zu lassen, kann das nicht eingetragene Gemeinschaftsgeschmacksmuster der letzte Rettungsanker sein. Außerdem sollte die

---

[4] EUIPO, https://euipo.europa.eu/ohimportal/de/rcd-fees-directly-payable-to-euipo, abgerufen am 11. Juli 2021.

12-monatige Neuheitsschonfrist bedacht werden, die eine Anmeldung eines Designs noch erlaubt, wenn eine eigene Veröffentlichung nicht länger als 12 Monate zurück liegt.

Die Laufzeit eines nicht eingetragenen Gemeinschaftsgeschmacksmusters beträgt drei Jahre ab der ersten Veröffentlichung. Der Schutzumfang eines nicht eingetragenen Gemeinschaftsgeschmacksmusters erstreckt sich ausschließlich auf die Nachahmung des Designs.

Internationales Design

7

Auf Basis des Haager Abkommens über die internationale Hinterlegung gewerblicher Muster und Modelle (kurz: Haager Musterabkommen oder HMA) kann ein internationales Designrecht in dem internationalen Register der WIPO hinterlegt werden.

Das Haager Abkommen stellt ein Dachabkommen dar, innerhalb dessen rechtlich selbstständige internationale Verträge abgeschlossen wurden. Mit der Londoner Akte von 1934, der Haager Akte von 1960 und der Genfer Akte von 1999 wurden einheitliche Vorschriften für die Anmeldung, die Eintragung und die Bekanntmachung von Designrechten vereinbart. Hierdurch ist es dem Designanmelder möglich, mit Verweis auf die jeweilige Akte des Haager Musterabkommens, durch die internationale Hinterlegung seines Designs einen nationalen Schutzumfang eines oder mehrerer Verbandsstaaten zu erhalten. Eine internationale Hinterlegung eines Designs hat dieselbe Wirkung wie die Eintragung in einem nationalen Register.

T. H. Meitinger, *Ohne Anwalt zum Designrecht*,
https://doi.org/10.1007/978-3-662-64205-4_7

Recherche nach Designrechten

Die Patentämter ermöglichen eine kostenlose Online-Recherche nach eingetragenen Designrechten.

8.1 DPMAregister

Mit dem Service DPMAregister des deutschen Patentamts kann nach deutschen oder europäischen Designs (Gemeinschaftsgeschmacksmuster) recherchiert werden (siehe Abb. 8.1).[1]

8.2 DESIGNview

Mit dem Web-Portal DESIGNview des EUIPN (Netzwerk für geistiges Eigentum der Europäischen Union) kann nach über 18 Mio. weltweit eingetragenen Designs recherchiert werden.[2] Es gibt zwei Eingabeoptionen. In der Abb. 8.2 ist die Option zur Basisrecherche dargestellt. Drückt man auf den Button „Erweiterte Suche" gelangt man zur Option der Expertenrecherche (siehe Abb. 8.3).

Das Portal DESIGNview wird vom EUIPO verwaltet und betrieben.

---

[1] DPMA, https://register.dpma.de/DPMAregister/gsm/basis, abgerufen am 28. Juni 2021.
[2] EUIPN, https://www.tmdn.org/tmdsview-web/#/dsview, abgerufen am 1. November 2021.

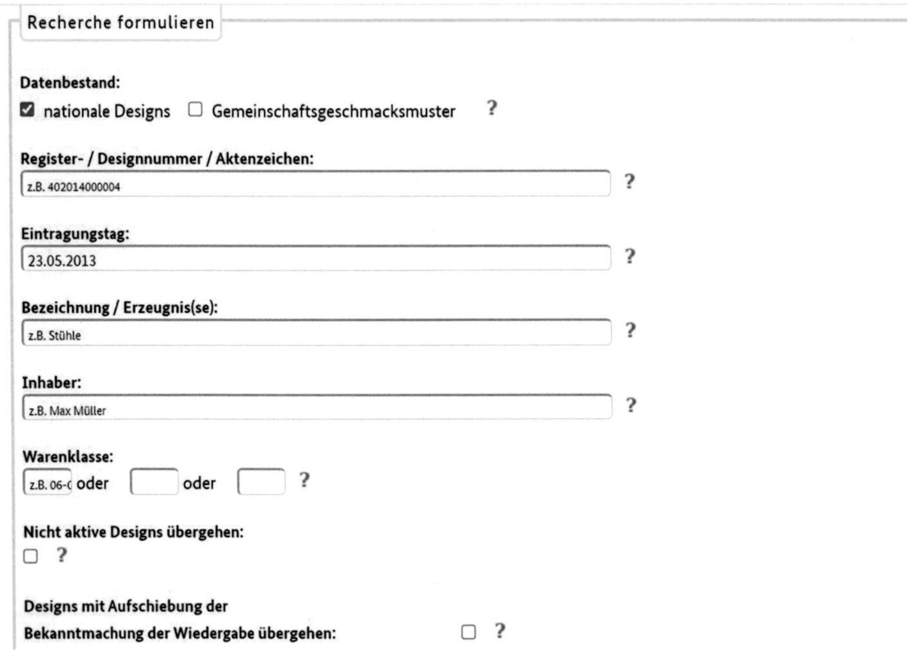

Recherche formulieren

Datenbestand:
☑ nationale Designs   ☐ Gemeinschaftsgeschmacksmuster   ?

Register- / Designnummer / Aktenzeichen:
| z.B. 402014000004 | ?

Eintragungstag:
| 23.05.2013 | ?

Bezeichnung / Erzeugnis(se):
| z.B. Stühle | ?

Inhaber:
| z.B. Max Müller | ?

Warenklasse:
| z.B. 06-0 | oder | | oder | | ?

Nicht aktive Designs übergehen:
☐   ?

Designs mit Aufschiebung der
Bekanntmachung der Wiedergabe übergehen: ☐   ?

Abb. 8.1   DPMAregister (DPMA)

Abb. 8.2   Basisrecherche DESIGNview (EUIPN)

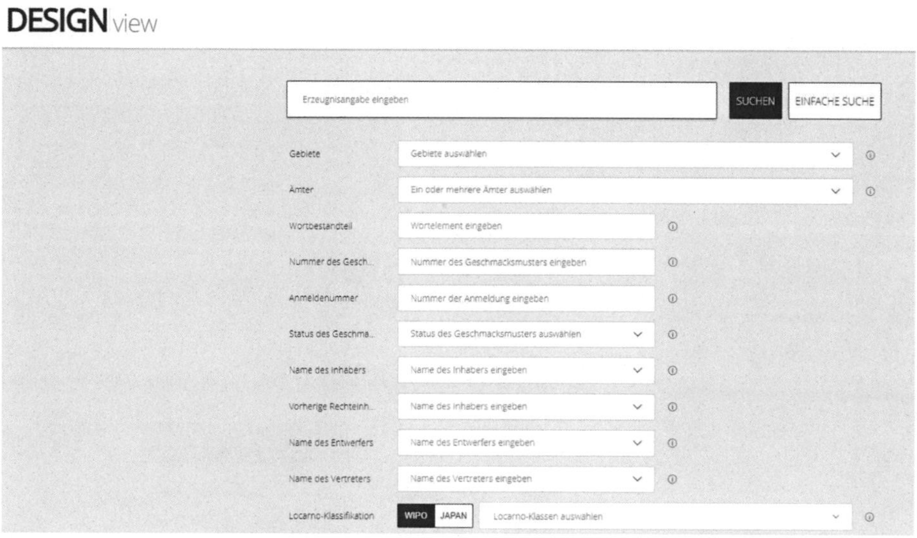

DESIGNview

Abb. 8.3 Expertenrecherche DESIGNview (EUIPN)

8.3   eSearch plus

Das Online-Webportal eSearch plus wird vom EUIPO zur Verfügung gestellt. Es ermöglicht den Zugang zur Design-Datenbank des EUIPO (siehe Abb. 8.4).[3]

Nach dem Drücken des „Advanced Search"-Button wird die Eingabemaske der Expertenrecherche[4] angezeigt (siehe Abb. 8.5).

8.4   WIPO Global Design Database

Die WIPO bietet die Möglichkeit in seiner Datenbank Global Design Database nach Designrechten zu recherchieren.[5] Die Eingabemaske ist nicht in Deutsch verfügbar (siehe Abb. 8.6).

---

[3] EUIPO, https://euipo.europa.eu/eSearch/, abgerufen am 11. Juli 2021.

[4] EUIPO, https://euipo.europa.eu/eSearch/#advanced/trademarks.

[5] WIPO, https://www3.wipo.int/designdb/en/, abgerufen am 11. Juli 2021.

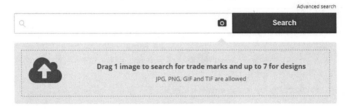

Abb. 8.4 eSearch plus – Basisrecherche (EUIPO)

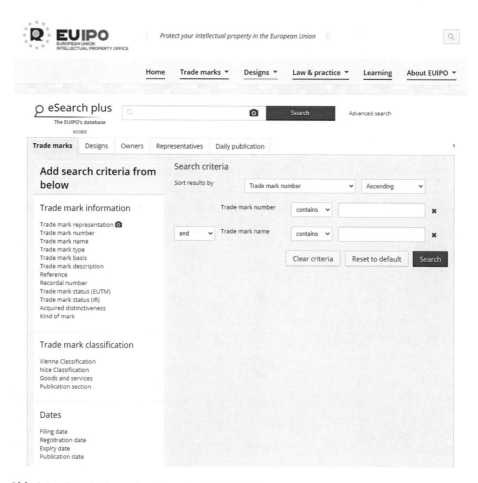

Abb. 8.5 eSearch plus – Expertenrecherche (EUIPO)

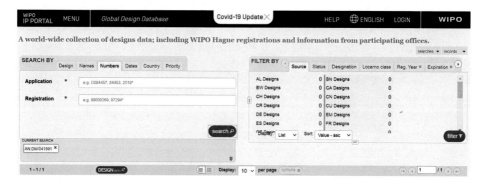

Abb. 8.6 Global Design Database (WIPO)

Verletzung eines Designrechts

9

Bevor ein potenzieller Designverletzer abgemahnt wird, ist eine Prüfung auf Designverletzung durchzuführen. Die Prüfung, ob ein Design eine Verletzung eines Designrechts ist, erfolgt in mehreren Schritten. Im ersten Schritt ist der vorbekannte Formenschatz zu ermitteln. Danach erfolgt eine Merkmalsgliederung zur Bestimmung des Gesamteindrucks. Anhand der Merkmalsgliederung kann aus der Perspektive des informierten Benutzers der Designvergleich vorgenommen werden.

Bei dem Vergleich zweier Designs ist die Art des Erzeugnisses zu berücksichtigen. Beispielsweise wird bei einem Auto der informierte Benutzer tendenziell genau auf das Produktdesign achten. Kleinere Details können dabei bereits einen unterschiedlichen Gesamteindruck erzeugen. Allerdings werden ähnliche Details ebenfalls eher wahrgenommen, sodass es sehr darauf ankommt, wie die Gewichtung der einzelnen Merkmale erfolgt.

Außerdem ist die bestimmungsgemäße Verwendung zu beachten, also wie das Design benutzt oder wo es eingebaut werden soll.

9.1 Ermittlung des vorbekannten Formenschatzes

Der vorbekannnte Formenschatz sind diejenigen Designs, die vor dem Anmelde- oder Prioritätstag eines Designrechts bekannt waren, und die bei der Bewertung des Schutzbereichs des Designrechts relevant sind.

Ein befasstes Gericht wird einem Designrecht von Haus aus einen weiten Schutzbereich zubilligen. Hierdurch können Designs in den Schutzbereich fallen, die sich bereits durch wesentliche Unterscheide von dem Designrecht unterscheiden.

Für einen Angegriffenen ist es daher wesentlich, dass er den vorbekannten Formenschatz ermittelt. Kann der Angegriffene nachweisen, dass vor dem Anmelde- oder

© Der/die Autor(en), exklusiv lizenziert durch Springer-Verlag GmbH, DE, ein Teil von
Springer Nature 2021
T. H. Meitinger, *Ohne Anwalt zum Designrecht*,
https://doi.org/10.1007/978-3-662-64205-4_9

Prioritätstag bereits sehr ähnliche Designs vorgelegen haben, ergibt sich für das Designrecht nur noch ein sehr kleiner Schutzbereich. In diesem Fall muss das angegriffene Design in allen wesentlichen Merkmalen mit dem Designrecht übereinstimmen, damit eine Rechtsverletzung vorliegt.

Hat ein angegriffenes Design daher mehr Gemeinsamkeiten mit einem Design, das vor dem Anmelde- oder Prioritätstag des Designrechts bereits bekannt war, im Vergleich mit dem angeblich verletzten Designrecht, liegt keine Rechtsverletzung vor. Ein Schutzbereich endet bei den Designs des vorbekannten Formenschatzes.

Eine Recherche nach dem vorbekannten Formenschatz ist daher von entscheidender Bedeutung bei der Bewertung einer Designverletzung.

9.2 Gesamteindruck

In einem zweiten Schritt sind die Gestaltungsmerkmale herauszuarbeiten, die den ästhetischen Gesamteindruck des Designrechts prägen. Der Gesamteindruck ergibt sich insbesondere aus der Art und Weise der Wahrnehmung eines informierten Benutzers bei der bestimmungsgemäßen Benutzung des designbehafteten Erzeugnisses. Hierbei ist zu berücksichtigen, wie die Präsentation in der Werbung und im Verkauf des geschützten Designs erfolgt.[1]

In einer Merkmalsgliederung des eingetragenen Designs werden die den Gesamteindruck bestimmenden Merkmale aufgelistet. Die Merkmale, die rein technisch bedingt sind, werden ausgesondert. Die restlichen Merkmale werden gewichtet und hierbei die den Gesamteindruck prägenden Merkmale herausgearbeitet. Die prägenden Merkmale des eingetragenen Designs werden mit dem angeblich verletzenden Design verglichen.

Der ästhetische Gesamteindruck kann als der Schutzumfang eines Designs verstanden werden. Erweckt ein angegriffenes Design und ein geschütztes Design denselben Gesamteindruck, liegt eine Designverletzung vor.

9.3 Informierter Benutzer

Der Schutzumfang eines Designrechts erstreckt sich auf sämtliche Designs, die beim informierten Benutzer denselben Gesamteindruck erwecken. Die Bewertung der Rechtsverletzung erfolgt aus der Perspektive des informierten Benutzers. Der informierte Benutzer ist kein Designexperte. Andererseits ist der informierte Benutzer kein gewöhnlicher Verbraucher. Der informierte Benutzer erkennt Unterschiede des Designs, die einem gewöhnlichen Verbraucher nicht auffallen. Der informierte Benutzer kennt die wesentlichen Designs und hält sich, beispielsweise mit Fachzeitschriften, auf dem aktuellen Stand der ästhetischen Gestaltung. Dem informierten Benutzer wird eine hohe Aufmerksamkeit

---

[1] BGH, 28.1.2016, I ZR 40/14 – Armbanduhr.

zugestanden.[2] Bis auf minimale Details erkennt der informierte Benutzer die ästhetischen Gestaltungsformen eines Designs.

9.4 Beispiele von Merkmalsgliederungen

Es werden beispielhafte Merkmalsgliederungen vorgestellt, die der Bundesgerichtshof zum Designvergleich nutzte.

9.4.1 Armbanduhr

Der Bundesgerichtshof entschied über eine angebliche Designverletzung einer Damenuhr der Swatch Group AG, die mit einem internationalen Sammelgeschmacksmuster DM/041591 geschützt war (siehe Abb. 9.1).[3]

Der Bundesgerichtshof ist hierbei von folgenden für den Gesamteindruck maßgeblichen Merkmalen ausgegangen:[4]

1. Es handelt sich um ein Metall-Glieder-Uhrarmband, bei dem Uhrgehäuse und Uhrarmband dieselbe Oberfläche aufweisen.
2. Das Uhrgehäuse ist blockartig-rechteckig und besitzt rechtwinklige Aussparungen an den vier Gehäuseecken, die zur formschlüssigen Aufnahme des Glieder-Uhrarmbands gleicher Breite dienen.
3. Das Uhrgehäuse verwendet ein rechteckiges Zifferblatt, welches von einem ebenfalls rechteckigen Uhrglas abgedeckt wird, das bündig mit der Oberfläche des Gehäuses abschließt.
4. Zifferblatt und Uhrglas werden durch das Uhrgehäuse gerahmt.
5. Die Oberfläche des Gehäuses ist plan und weist eine leichte konvexe Wölbung in der Horizontalachse auf.
6. Der Bandanschluss des Glieder-Uhrarmbands erfolgt jeweils durch eine Nase an der Ober- und Unterseite des blockartigen Uhrgehäuses, welches zur seitlichen Aufnahme des Glieder-Uhrarmbands an den rechtwinkligen Aussparungen der Gehäuseecken dient.
7. Das Glieder-Uhrarmband weist eine leiterartige Struktur auf, bei der die beiden Reihen von Längsgliedern durch Querglieder verbunden werden. Die Querglieder sind zwischen den beiden Längsgliederreihen genau an den Stellen angeordnet, an denen

---

[2] EuGH, 20.10.2011, C-281/10 P, Gewerblicher Rechtsschutz und Urheberrecht, 2012, 506 – PepsiCo.

[3] BGH, 28.1.2016, I ZR 40/14 – Armbanduhr.

[4] BGH, 28.1.2016, I ZR 40/14 – Armbanduhr, https://juris.bundesgerichtshof.de/cgi-bin/rechtsprechung/document.py?Gericht=bgh&Art=en&az=I%20ZR%2040/14&nr=74940, Seite 11.

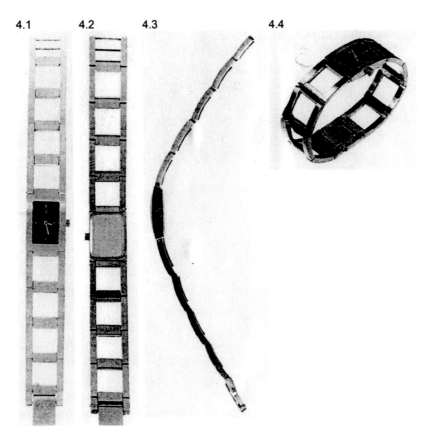

Abb. 9.1 Damenuhr (DM/041591)

jeweils zwei Längsglieder aneinanderstoßen. Dadurch entsteht jeweils ein rechtecki-
ger, annähernd quadratischer Leerraum zwischen den jeweils sich gegenüberstehenden
Quer- und Längsgliedern nach Art einer Leiter.

9.4.2 Wartebank

In der Entscheidung I ZR 164/17 des Bundesgerichtshofs vom 24. Januar 2019 wurde
über die Verletzung eines Designs einer Wartebank zu Gericht gesessen. Insbesondere

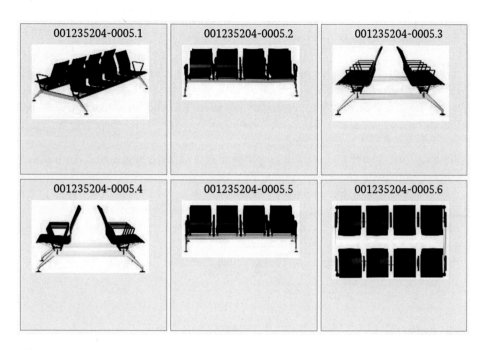

Abb. 9.2 Wartebank Ansichten 1 bis 6 (GGM 001235204-0005)

Abb. 9.3 Wartebank Ansicht
7 (GGM 001235204-0005)

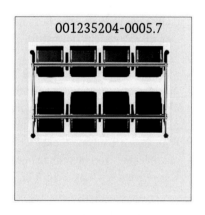

wurde das Gemeinschaftsgeschmacksmuster GGM 001235204-0005 betrachtet. Die Darstellungen des GGM 001235204-0005 können dem Register des deutschen Patentamts
entnommen werden (siehe Abb. 9.2 und 9.3).[5]

---

[5] DPMA, https://register.dpma.de/DPMAregister/gsm/registerhabm?DNR=001235204-0005, abgerufen am 11. Juli 2021.

Zu diesem Design wurde folgende Merkmalsgliederung erstellt:[6]
Es wird eine Wartebank gezeigt:

1. mit insgesamt 8 jeweils durchgehenden, ergonomisch geformten, eckigen Sitzschalen in dunkler Farbe,
2. wobei immer 4 Sitzschalen mit einem gewissen Abstand zueinander jeweils mittels zweier auskragender Stege, die vorne an der Sitzschale angreifen, an einem horizontalen Träger befestigt sind,
3. die einzelnen Sitzschalen werden eingerahmt von trapezförmigen Armlehnen, deren kürzere Grundseite am Träger befestigt ist,
4. die beiden Träger verlaufen parallel zueinander, sodass die beiden Sitzreihen „back-to-back" angeordnet sind,
5. und werden lediglich an ihren beiden Enden von einem trapezförmigen Gestell mit zwei Füßen getragen,
6. deren angewinkelte Enden runde Gleiter in der Farbe der Sitzschalen aufweisen.

9.4.3 Auto

Das Gemeinschaftsgeschmacksmuster GGM 000173166-0003 weist sieben Darstellungen auf. Die erste Darstellung zeigt die Abb. 9.4.[7]
Außerdem ist eine Ansicht 3 enthalten, die in der Abb. 9.5 gezeigt ist.[8]
Der Bundesgerichtshof hat folgende prägende Merkmale ermittelt:[9]

1. die charakteristisch geformten Scheinwerfer mit dem mittig an der Frontseite angebrachten trapezförmigen Kühlergrill,
2. die ausgestellten Radhäuser vorne und hinten,
3. die im unteren Teil der Seitenflächen zwischen dem vorderen und dem hinteren Radhaus vorhandene Sicke,
4. das bei den Verlängerungen jeweils zwischen die vordere und hintere Tür gesetzte Karosseriestück, das sich in die Kontur einfügt,

---

[6] BGH, 24.1.2019, I ZR 164/17 – Meda Gate, https://juris.bundesgerichtshof.de/cgi-bin/rechtspre chung/document.py?Gericht=bgh&Art=en&Datum=Aktuell&Sort=12288&nr=93144&pos=27& anz=583, Seite 15, abgerufen am 11. Juli 2021.

[7] DPMA, https://register.dpma.de/DPMAregister/gsm/fullImageHABM?DNR=000173166-0003& DSNR=000173166-0003.1, abgerufen am 11. Juli 2021.

[8] DPMA, https://register.dpma.de/DPMAregister/gsm/fullImageHABM?DNR=000173166-0003& DSNR=000173166-0003.3, abgerufen am 11. Juli 2021.

[9] BGH, 22.4.2010, I ZR 89/08 – Verlängerte Limousinen, https://juris.bundesgerichtshof.de/cgi-bin/ rechtsprechung/document.py?Gericht=bgh&Art=en&sid=f7599ef8c17fac2808e43bfb753723bd& nr=52206&pos=3&anz=4, Seite 15, abgerufen am 11. Juli 2021.

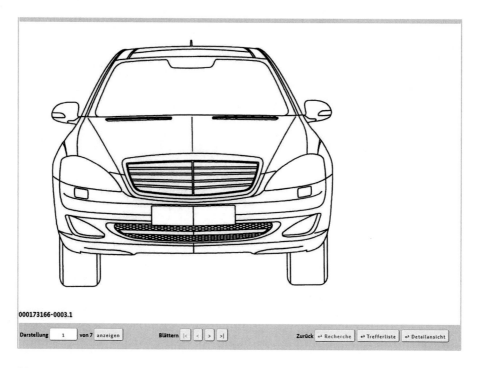

Abb. 9.4   Auto – Ansicht 1 (GGM 000173166-0003.1)

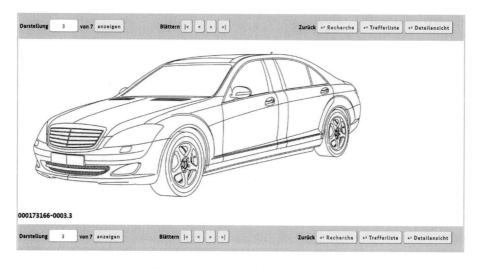

Abb. 9.5   Auto – Ansicht 3 (GGM 000173166-0003.3)

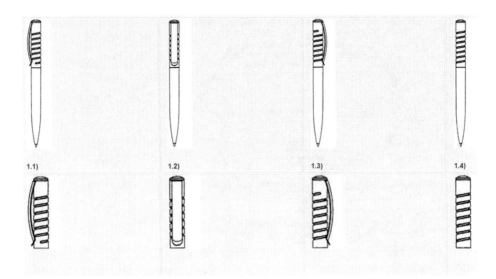

Abb. 9.6 Kugelschreiber (DM/064576)

5. die charakteristisch geformten Rückleuchten,
6. den leicht gewölbten Kofferraumdeckel,
7. die von der Spitze der Frontscheinwerfer um das Fahrzeug geführte Linie.

9.4.4 Kugelschreiber

In der Entscheidung I ZR 211/08 vom 24. März 2011 betrachtete der Bundesgerichtshof als Design einen mittleren Abschnitt eines Kugelschreibers.[10] Es handelte sich hierbei um das internationale Design DM/064576.

Die internationale Hinterlegung DM/064576 weist unter anderem folgende Ansichten auf, die in der Abb. 9.6 gezeigt sind.[11]

---

[10] BGH, 24.3.2011, I ZR 211/08, Gewerblicher Rechtsschutz und Urheberrecht, 2011, 1112 – Schreibgeräte,   https://juris.bundesgerichtshof.de/cgi-bin/rechtsprechung/document.py?Gericht= bgh&Art=en&sid=afc2b273ba1fe59684dd9a8a8963b2af&nr=57952&pos=13&anz=20,   abgerufen am 11. Juli 2021.
[11] WIPO,   https://www3.wipo.int/designdb/hague/en/showData.jsp?SOURCE=HAGUE&KEY= D064576, abgerufen am 11. Juli 2021.

Der Bundesgerichtshof hat folgende prägende Merkmale ermittelt:[12]

1. Es handelt sich um den Zwischenabschnitt eines Schreibgeräts (der dargestellte Bereich lässt keine obere oder untere Begrenzung erkennen)
2. bestehend aus einem schlanken, zylindrischen und an seiner Oberfläche glatten Gehäuse;
3. das Gehäuse wird an seiner Oberfläche durch einen durchgängigen spiralförmigen Einschnitt unterbrochen;
4. die Spirale verläuft in ihrem gesamten Bereich gleichmäßig;
5. sie verläuft nach links abwärts;
6. die Weite des spiralförmigen Einschnitts entspricht im Wesentlichen der Breite der sie begrenzenden spiralförmigen Wand.

---

[12] BGH, 24.3.2011, I ZR 211/08, Gewerblicher Rechtsschutz und Urheberrecht, 2011, 1112 – Schreibgeräte, https://juris.bundesgerichtshof.de/cgi-bin/rechtsprechung/document.py?Gericht= bgh&Art=en&sid=afc2b273ba1fe59684dd9a8a8963b2af&nr=57952&pos=13&anz=20, Seite 16, abgerufen am 11. Juli 2021.

Anmelden eines Designs

10

Ein Design kann beispielsweise beim deutschen Patentamt, beim EUIPO oder als internationale Hinterlegung beim WIPO in Genf eingereicht werden. Es sind Ansichten des Designs zu erstellen und Anmeldeformulare ausgefüllt und unterschrieben einzureichen.

10.1 Naturalistische oder schematische Darstellung

Eine naturalistische Darstellung ergibt sich insbesondere durch eine Fotographie. Eine schematische Darstellung eines Designs ist eine Zeichnung. Bei einer naturalistischen Darstellung sind sämtliche Einzelheiten des konkreten Erzeugnisses abgebildet. Eine schematische Darstellung kann insbesondere eine Reduktion des realen Erzeugnisses auf wesentliche Merkmale darstellen. Eine naturalistische Darstellung kann es einem Wettbewerber erleichtern, durch das Weglassen von Details, ein Design zu schaffen, das gerade nicht rechtsverletzend ist. Eine schematische Darstellung kann für den Schutzrechtsinhaber deshalb problematisch sein, weil weniger wahrscheinlich derselbe Gesamteindruck mit einem Vergleichsdesign erweckt wird.

10.2 Darstellung in Farbe oder in schwarz/weiß

Erzeugnisse, deren Gesamteindruck insbesondere durch die Farbe zur Geltung kommen, sollten in Farbe abgebildet und eingereicht werden. Beispiele hierfür sind Bekleidungsstücke und Spielwaren. Eventuell wäre es sinnvoll, ein zusätzliches Design in schwarz/weiß zu schützen, um zu vermeiden, dass ein Design ausschließlich mit einer anderen Farbgestaltung zu einem unterschiedlichen Gesamteindruck führt und dadurch durch das farbige Designrecht nicht bekämpft werden kann.

T. H. Meitinger, *Ohne Anwalt zum Designrecht*,
https://doi.org/10.1007/978-3-662-64205-4_10

10.3   Vollständiges Erzeugnis oder ein Teil davon

Ist nur ein Teil eines Erzeugnisses für den zukünftigen Markterfolg des Erzeugnisses entscheidend, sollte nur dieses Teil als Designrecht geschützt werden. Ansonsten besteht die Gefahr, dass weitere Elemente des Erzeugnisses den Gesamteindruck mitprägen. In diesem Fall kann ein Wettbewerber eventuell allein das relevante Teil des Erzeugnisses verwenden, ohne rechtsverletzend zu handeln.

10.4   Auswahl der Darstellungen

Die Darstellungen sind entscheidend für den Wert des Designrechts. In der Regel ist zu empfehlen, dass eine Darstellung von dem zu schützenden Gegenstand von oben, von unten, von rechts, von links, von vorne und von hinten erstellt wird. Zusätzlich kann eine perspektivische Darstellung des Designs, beispielsweise von schräg oben, sinnvoll sein.

Die Verwendung sämtlicher Ansichten kann falsch sein, falls ein Erzeugnis beispielsweise ausschließlich vorne die markante Erscheinungsform aufweist. In diesem Fall werden durch Hinzunahme der weiteren Ansichten zusätzliche Merkmale hinzugefügt, die den Schutzbereich deutlich verkleinern, sodass das eigentlich zu schützende, nämlich die Vorderansicht, keinen ausreichenden Schutz mehr genießt. Ein Dritter könnte in diesem Fall die Vorderseite des Erzeugnisses kopieren und beispielsweise die linke und rechte Seite deutlich abweichend gestalten und damit außerhalb des Schutzumfangs des Designrechts bleiben.

Beispiel

Die BestDesign GmbH bringt eine neuartige Verpackung auf den Markt, die sich durch eine besondere Formgestaltung auf der Vorderseite und eine markante Farbgestaltung auf der Oberseite auszeichnet. Statt die Vorderseite und die Oberseite getrennt als Designschutz anzumelden, hat die BestDesign GmbH beide Gestaltungen durch die Abbildungen sämtlicher Seiten der Verpackung durch ein einziges Designrecht geschützt. Die BadDesign GmbH bringt ebenfalls eine Verpackung auf den Markt mit derselben Vorderseite, aber einer anderen Oberseite. Leider kann die BestDesign GmbH nicht gegen die Nachahmung der Vorderseite ihrer Verpackung vorgehen, denn durch die Aufnahme der Abbildung der Oberseite wurde der Designschutz beschränkt.◄

Das Bemühen, einen umfassenden Schutz für ein Design zu erlangen, kann zu einem mangelnden Schutz führen. Es ist wichtig, vor der Anmeldung genau zu bestimmen, was geschützt werden soll. Entsprechend sollte das Designrecht ausgerichtet werden. Hierbei sollte die Möglichkeit einer Sammelanmeldung bedacht werden.

10.5   Warenklassen

Für ein Design ist eine Warenklasse anzugeben (jeweils linke Spalte in der nachfolgenden Tab. 10.1). Hierzu wurde vom deutschen Patentamt eine „Amtliche Warenliste Design Version 2021" herausgegeben, die ab dem 1. Januar 2021 gültig ist.[1]

10.6   Deutsches Design

Ein deutsches Design kann beim deutschen Patentamt per Post oder online angemeldet werden.

10.6.1 Anmelden per Post

Die Wiedergabe des Designs muss mindestens eine fotografische oder eine sonstige grafische Darstellung umfassen. Für jedes Design können maximal zehn Darstellungen eingereicht werden.[2] Werden mehrere Designs eingereicht, so sind diese mit arabischen Ziffern fortlaufend zu nummerieren. Die einzelnen Darstellungen sind mit der Ziffer des Designs zu versehen, wobei nach einem Punkt eine zweite arabische Ziffer die Nummer der Darstellung des Designs angibt. Bei der zweiziffrigen Angabe bezeichnet daher die linke Ziffer das Design und die rechte Ziffer die Darstellung des Designs.[3]

Das Design soll vor einem neutralen Hintergrund abgebildet sein, wobei keine Elemente dargestellt sein sollen, die nicht zum Design gehören. Auf der Darstellung sind keine Erläuterungen oder Maßangaben einzutragen. Jede Darstellung darf nur ein Design enthalten. Die Darstellungen dürfen nicht verwischt sein und müssen dauerhaft sein.[4] Zur Darstellung eines Designs sind Formblätter des deutschen Patentamts zu verwenden. Bei einer Sammelanmeldung ist für jedes Design ein eigenes Formblatt zu verwenden.[5] Die Formblätter können unter dem Link „https://www.dpma.de/docs/formulare/designs/ r5703_1.pdf" abgerufen werden.[6] In ein Formblatt kann ein Design eingezeichnet oder aufgeklebt werden. Typografische Schriftzeichen können als Design geschützt werden. Hierbei muss der vollständige Zeichensatz und fünf Zeilen Text mit der Schriftgröße 16

---

[1] DPMA, https://www.dpma.de/recherche/klassifikationen/designs/index.html#a5, abgerufen am 28. Juni 2021.

[2] § 7 Absatz 1 Satz 2 Designverordnung.

[3] § 7 Absatz 2 Satz 2 Designverordnung.

[4] § 7 Absatz 3 Satz 4 Designverordnung.

[5] § 7 Absatz 4 Designverordnung.

[6] DPMA, https://www.dpma.de/docs/formulare/designs/r5703_1.pdf, abgerufen am 28. Juni 2021.

Tab. 10.1 Warenklassen

	Klasse 1
	Nahrungsmittel
01-01	Backwaren, Biskuits, Konditorwaren, Teigwaren und andere Getreideerzeugnisse, Schokolade, Zuckerwaren, Eis
01-02	Obst, Gemüse sowie aus Obst und Gemüse hergestellte Erzeugnisse
01-03	Käse, Butter und Butterersatz, andere Milchprodukte
01-04	Fleisch- und Wurstwaren, Fischprodukte
01-05	Tofu und Tofu-Produkte
01-06	Futtermittel
	Klasse 2
	Bekleidung und Kurzwaren
02-01	Unterbekleidung, Wäsche, Miederwaren, Büstenhalter, Nachtbekleidung
02-02	Kleidungsstücke
02-03	Kopfbedeckungen
02-04	Schuhwaren, Strümpfe und Socken
02-05	Krawatten, Schärpen, Kopf- und Halstücher, Taschentücher
02-06	Handschuhwaren
02-07	Kurzwaren und Bekleidungszubehör
	Klasse 3
	Reiseartikel, Etuis, Schirme und persönliche Gebrauchsgegenstände
03-01	Koffer, Handkoffer, Mappen, Handtaschen, Schlüsseletuis, Etuis, die dem Inhalt angepasst sind, Brieftaschen und gleichartige Waren
03-03	Regenschirme, Sonnenschirme, Sonnenblenden und (Spazier-) Stöcke
03-04	Fächer
03-05	Vorrichtungen zum Tragen und Gehen mit Babys und Kindern
	Klasse 4
	Bürstenwaren
04-01	Bürsten, Pinsel und Besen zum Reinigen
04-02	Bürsten und Pinsel für die Körperpflege, Kleider- und Schuhbürsten
04-03	Bürsten für Maschinen
04-04	Malerbürsten und -pinsel, Pinsel für die Küche
	Klasse 5
	Nichtkonfektionierte Textilwaren, Folien (Bahnen) aus Kunst- oder Naturstoffen
05-01	Gespinste

(Fortsetzung)

Tab. 10.1 (Fortsetzung)

05-02	Spitzen
05-03	Stickereien
05-04	Bänder, Borten (Litzen, Tressen) und andere Posamentierwaren
05-05	Nichtkonfektionierte Textilien
05-06	Folien (Bahnen) aus Kunst- oder Naturstoffen
	Klasse 6
	Möbel
06-01	Sitzmöbel
06-02	Betten
06-03	Tische und ähnliche Möbel
06-04	Kastenmöbel, Gestelle
06-05	Kombinierte Möbel
06-06	Andere Möbelstücke und Möbelteile
06-07	Spiegel und Rahmen
06-08	Kleiderbügel
06-09	Matratzen und Kissen
06-10	Vorhänge und Innenstores
06-11	Bodenteppiche und Fußmatten
06-12	Wandteppiche
06-13	Decken-, Haushalts- und Tischwäsche
	Klasse 7
	Haushaltsartikel
07-01	Geschirr, Glaswaren
07-02	Kochapparate, -geräte und –gefäße
07-03	Tischbesteck
07-04	Handbetätigte Apparate und Geräte für die Zubereitung von Speisen und Getränken
07-05	Bügeleisen, Geräte zum Waschen, Reinigen und Trocknen
07-06	Andere Tischgeräte
07-07	Andere Haushaltsbehälter
07-08	Zubehör für offene Kamine
07-09	Ständer und Halter für Haushaltsgeräte und –utensilien
07-10	Kühl- und Gefriervorrichtungen und isothermische Behälter

(Fortsetzung)

Tab. 10.1 (Fortsetzung)

	Klasse 8
	Werkzeuge und Kleineisenwaren
08-01	Werkzeuge und Geräte zum Bohren, Fräsen oder zum Aushöhlen
08-02	Hämmer, gleichartige Werkzeuge und Geräte
08-03	Schneidwerkzeuge und –geräte
08-04	Schraubenzieher, gleichartige Werkzeuge und Geräte
08-05	Andere Werkzeuge und Geräte
08-06	Handgriffe, Türknöpfe, Fenster- und Türangeln
08-07	Verriegelungs- und Verschlussvorrichtungen
08-08	Befestigungs-, Halte- und Montagemittel
08-09	Beschläge und gleichartige Vorrichtungen
08-10	Fahrrad- und Motorradständer
08-11	Zubehör für Vorhänge
	Klasse 9
	Verpackungen und Behälter für den Transport oder den Warenumschlag
09-01	Flaschen, Fläschchen, Töpfe, Ballon- und Korbflaschen (Demijohns), Druckbehälter
09-02	Kannen und Fässer
09-03	Schachteln, Kisten, Behälter und Konservendosen
09-04	Stapelkisten und Körbe
09-05	Säcke, Beutel, Tuben, Hülsen und Kapseln
09-06	Seile, Schnüre und Materialien zum Binden
09-07	Verschlussvorrichtungen und Zubehör
09-08	Paletten und Plattformen für den Warenumschlag
09-09	Kehrichteimer, Müllbehälter und deren Halterung
09-10	Henkel und Griffe für den Transport oder den Umschlag von Paketen und Behältern
	Klasse 10
	Uhren und andere Messinstrumente, Kontroll- und Anzeigegeräte
10-01	Großuhren, Pendeluhren und Wecker
10-02	Taschen- und Armbanduhren
10-03	Andere Zeitmessinstrumente
10-04	Andere Messinstrumente, -apparate und –vorrichtungen
10-05	Kontroll-, Sicherheits- oder Versuchsinstrumente, -apparate und –vorrichtungen
10-06	Signalapparate und –vorrichtungen
10-07	Gehäuse, Zifferblätter, Zeiger oder andere Teile und Zubehör von Mess-, Kontroll- und Signalinstrumenten

(Fortsetzung)

Tab. 10.1 (Fortsetzung)

	Klasse 11
	Ziergegenstände
11-01	Schmuck- und Juwelierwaren
11-02	Nippsachen, Tisch-, Kamin- und Wandschmuck, Vasen und Blumentöpfe
11-03	Medaillen und Abzeichen
11-04	Künstliche Blumen, Pflanzen und Früchte
11-05	Fahnen, Festdekorationsartikel
	Klasse 12
	Transport- und Hebevorrichtungen
12-01	Fuhrwerke (von Tieren gezogen)
12-02	Handwagen, Schubkarren
12-03	Lokomotiven und rollendes Eisenbahnmaterial sowie alle anderen Schienenfahrzeuge
12-04	Luftseil- und Sesselbahnen, Schlepplifte
12-05	Aufzüge, Hebezeuge und Fördergeräte
12-06	Schiffe und Boote
12-07	Flugzeuge und andere Luft- und Raumfahrzeuge
12-08	Automobile, Busse und Lastkraftwagen
12-09	Traktoren
12-10	Anhänger für Straßenfahrzeuge
12-11	Fahrräder und Motorräder
12-12	Kinderwagen, Rollstühle für Körperbehinderte, Tragbahren
12-13	Spezialfahrzeuge
12-14	Andere Fahrzeuge
12-15	Luftreifen, Fahrzeugbereifungen und Gleitschutzketten für Fahrzeuge
12-16	Andere Fahrzeugbestandteile, -ausrüstungen und –zubehör
12-17	Infrastrukturkomponenten für den Schienenverkehr
	Klasse 13
	Apparate zur Erzeugung, Verteilung oder Umwandlung von elektrischer Energie
13-01	Generatoren und Motoren
13-02	Transformatoren, Gleichrichter, Batterien und Akkumulatoren
13-03	Material zur Verteilung oder Steuerung der elektrischen Energie
13-04	Solaranlagen

(Fortsetzung)

Tab. 10.1 (Fortsetzung)

	Klasse 14
	Apparate zur Aufzeichnung, Übermittlung oder Verarbeitung von Informationen
14-01	Apparate zur Aufzeichnung und Wiedergabe von Ton oder Bild
14-02	Datenverarbeitungsanlagen sowie periphere Geräte und Einrichtungen
14-03	Apparate für die Telekommunikation und für die drahtlose Fernbedienung, Radioverstärker
14-04	Bildschirmanzeigen und Icons
14-05	Aufzeichnungs- und Datenspeichermedien
14-06	Halterungen und Ständer für elektronische Geräte
	Klasse 15
	Maschinen
15-01	Motoren
15-02	Pumpen und Kompressoren
15-03	Land- und forstwirtschaftliche Maschinen
15-04	Bau- und Bergbaumaschinen
15-05	Wasch-, Reinigungs- und Trockenmaschinen
15-06	Textil-, Näh-, Strick- und Stickmaschinen, einschließlich integrierter Teile
15-07	Kühlmaschinen und –apparate
15-09	Werkzeug-, Schleif- und Gießereimaschinen
15-10	Maschinen zum Abfüllen, Abpacken oder Verpacken
	Klasse 16
	Fotografische, kinematografische und optische Artikel
16-01	Foto- und Filmapparate
16-02	Projektionsapparate und Betrachtungsgeräte
16-03	Fotokopier- und Vergrößerungsapparate
16-04	Apparate und Geräte zum Entwickeln
16-05	Zubehör
16-06	Optische Artikel
	Klasse 17
	Musikinstrumente
17-01	Tasteninstrumente
17-02	Blasinstrumente
17-03	Saiteninstrumente
17-04	Schlaginstrumente
17-05	Mechanische Musikinstrumente

(Fortsetzung)

Tab. 10.1 (Fortsetzung)

	Klasse 18
	Druckerei- und Büromaschinen
18-01	Schreib- und Rechenmaschinen
18-02	Druckmaschinen
18-03	Druckbuchstaben und –typen
18-04	Buchbinde-, Druckerei-Heft- und Papierschneidemaschinen
	Klasse 19
	Papier- und Büroartikel, Künstler- und Lehrmittelbedarf
19-01	Schreibpapier, Karten für Schriftwechsel und Anzeigen
19-02	Büroartikel
19-03	Kalender
19-04	Bücher, Hefte und äußerlich ähnlich aussehende Gegenstände
19-06	Material und Geräte zum Schreiben mit der Hand, zum Zeichnen, Malen, Gravieren, für die Bildhauerei und für andere künstlerische Techniken
19-07	Lehrmittel und –apparate
19-08	Andere Drucksachen
	Klasse 20
	Verkaufs- und Werbeausrüstungen, Schilder
20-01	Verkaufsautomaten
20-02	Ausstellungs- und Verkaufsmaterial
20-03	Schilder und Reklamevorrichtungen
	Klasse 21
	Spiele, Spielzeug, Zelte und Sportartikel
21-01	Spiele und Spielzeug
21-02	Turn- und Sportgeräte, Sportartikel
21-03	Andere Vergnügungs- und Unterhaltungsartikel
21-04	Zelte und Zubehör
	Klasse 22
	Waffen, Feuerwerksartikel, Artikel für die Jagd, den Fischfang oder zur Schädlingsbekämpfung
22-01	Schusswaffen
22-02	Andere Waffen
22-03	Munition, Zünder und Feuerwerksartikel
22-04	Schießscheiben und Zubehör
22-05	Jagd- und Fischereiartikel
22-06	Fallen, Artikel zur Schädlingsbekämpfung

(Fortsetzung)

Tab. 10.1 (Fortsetzung)

	Klasse 23
	Vorrichtungen zur Verteilung von Flüssigkeiten, sanitäre Anlagen, Heizungs-, Lüftungs- und Klimaanlagen, feste Brennstoffe
23-01	Vorrichtungen zur Verteilung von Flüssigkeiten
23-03	Heizungsanlagen
23-04	Lüftungs- und Klimaanlagen
23-05	Feste Brennstoffe
23-06	Sanitäre Einrichtungen für die Körperpflege
23-07	Sanitäre Vorrichtungen für das Urinieren und Defäkieren
23-08	Sonstige sanitäre Vorrichtungen und Zubehör
	Klasse 24
	Medizinische und Laborausrüstungen
24-01	Apparate und Einrichtungen für Ärzte, Krankenhäuser und Labors
24-02	Medizinische Instrumente, Laborinstrumente und –geräte
24-03	Prothesen
24-04	Verband- und Bandagenartikel, Artikel für die ärztliche Behandlung
	Klasse 25
	Bauten und Bauelemente
25-01	Baumaterialien
25-02	Vorfabrizierte oder zusammengesetzte Bauteile
25-03	Häuser, Garagen und andere Bauten
25-04	Treppen, Leitern und Baugerüste
	Klasse 26
	Beleuchtungsapparate
26-01	Kerzenleuchter und –ständer
26-02	Fackeln, tragbare Lampen und Laternen
26-03	Apparate für die öffentliche Beleuchtung
26-04	Elektrische und andere Lichtquellen
26-05	Leuchten, Stehleuchten, Kronleuchter, Wand- und Deckenleuchten, Lampenschirme, Reflektoren, Foto- und Kinoscheinwerfer
26-06	Beleuchtungseinrichtungen für Fahrzeuge
	Klasse 27
	Tabakwaren und Raucherartikel
27-01	Tabakwaren, Zigarren und Zigaretten
27-02	Pfeifen, Zigarren- und Zigarettenspitzen

(Fortsetzung)

Tab. 10.1 (Fortsetzung)

27-03	Aschenbecher
27-04	Streichhölzer (Zündhölzer)
27-05	Feuerzeuge
27-06	Zigarren- und Zigarettenetuis, Schnupftabakdosen und Tabakbehälter
27-07	Elektronische Zigaretten und anderer elektronischer Raucherbedarf
	Klasse 28
	Pharmazeutische und kosmetische Erzeugnisse, Toilettenartikel und –ausrüstungen
28-01	Pharmazeutische Erzeugnisse
28-02	Kosmetische Erzeugnisse
28-03	Toilettenartikel und Geräte für die Schönheitspflege
28-04	Perücken und künstliche Schönheitsartikel
28-05	Lufterfrischer
	Klasse 29
	Vorrichtungen und Ausrüstungen gegen Feuer, zur Unfallverhütung und Rettung
29-01	Vorrichtungen und Ausrüstungen gegen Feuer
29-02	Vorrichtungen und Ausrüstungen zur Unfallverhütung und Rettung
	Klasse 30
	Artikel für das Halten und Pflegen von Tieren
30-01	Bekleidung für Tiere
30-02	Gehege, Käfige, Hundehütten und gleichartige Unterkünfte
30-03	Vorrichtungen zum Füttern und Tränken
30-04	Sattlerwaren
30-05	Peitschen und Stöcke zum Antreiben
30-06	Schlafplätze, Nester und Möbel für Tiere
30-07	Sitzstangen und anderes Zubehör für Käfige
30-08	Geräte zum Kennzeichnen, Erkennungsmarken und Fesseln
30-09	Pfähle zum Anbinden
30-10	Pflegeartikel für Tiere
30-11	Tiertoiletten und Vorrichtungen zum Entfernen von Tierexkrementen
30-12	Spielzeug für Tiere
	Klasse 31
	Maschinen und Apparate für die Zubereitung von Nahrung oder Getränken
31-00	Maschinen und Apparate für die Zubereitung von Nahrung oder Getränken
	Klasse 32
	Grafische Symbole und Logos, Zierelemente für Oberflächen, Verzierungen
32-00	Grafische Symbole und Logos, Zierelemente für Oberflächen, Verzierungen

Punkt angegeben werden.[7] Mit einer Designanmeldung können bis zu zehn Ansichten eines Designs eingereicht werden.

Eine Designanmeldung kann per Post oder online vorgenommen werden. Für eine Anmeldung per Post ist das Formular R 5703 zu verwenden. Das Formular kann unter dem Link „https://www.dpma.de/docs/formulare/designs/r5703.pdf" abgerufen werden.[8]

Die Abb. 10.1 zeigt die erste Seite des Anmeldeantrags eines deutschen Designs, wobei im Feld (1) die Adresse anzugeben ist, an die Sendungen des Patentamts erfolgen sollen. Entsprechen diese Angaben dem Anmelder ist das Feld (3) freizulassen.

Die Abb. 10.2 zeigt die zweite Seite des Anmeldeantrags. In das Feld (5) kann eingetragen werden, ob es sich um eine Sammelanmeldung handelt. Das Feld (6) ist für die Erzeugnisangabe vorgesehen. Eine Aufschiebung der Bekanntmachung der Wiedergabe kann im Feld (7) beantragt werden. Eine Priorität kann im Feld (8) in Anspruch genommen werden und die Zahlungsmodalitäten können im Feld (9) geregelt werden.

Es sollte nicht vergessen werden, auf der dritten Seite des Anmeldeantrags im Feld (11) den Antrag zu unterschreiben. Ansonsten liegt kein rechtswirksamer Antrag auf Eintragung eines Designs in das Register des deutschen Patentamts vor (siehe Abb. 10.3).

10.6.2 Onlineanmeldung

Eine Online-Einreichung ist mit dem Service DPMAdirektWeb ohne Signaturkarte und Lesegerät möglich (siehe Abb. 10.4).[9]

10.7 Europäisches Design

Ein europäisches Design kann ausschließlich online angemeldet werden (siehe Abb. 10.5).[10]

---

[7] § 7 Absatz 7 Designgesetz.

[8] DPMA, https://www.dpma.de/docs/formulare/designs/r5703.pdf, abgerufen am 28. Juni 2021.

[9] DPMA, https://direkt.dpma.de/design/, abgerufen am 28. Juni 2021.

[10] EUIPO, https://euipo.europa.eu/ohimportal/de/rcd-apply-now, abgerufen am 12. Juli 2021.

Deutsches
Patent- und Markenamt

Deutsches Patent- und Markenamt 80297 München	‖‖‖‖‖‖‖‖‖‖‖‖‖‖‖‖‖‖ R 5 7 0 3 3 . 2 1 1

(1)	**Sendungen** des Deutschen Patent- und Markenamts sind zu richten an **Name, Vorname oder Firma**	**Antrag auf Eintragung eines Designs** **4**
	Straße, Hausnummer/ggf. Postfach	TT MM JJJJ **Datum** **Hinweis: Designanmeldungen können mit Telefax nicht wirksam eingereicht werden!**
	Postleitzahl Ort	**Land** *(nur bei ausländischen Adressen)*
(2)	**Kontaktdaten** **Telefonnummer des Anmelders/Vertreters**	**Geschäftszeichen des Anmelders/Vertreters** *(max. 20 Stellen)*
	Telefaxnummer des Anmelders/Vertreters	**E-Mail-Adresse des Anmelders/Vertreters**
(3) nur auszu-füllen, wenn abwei-chend von Feld (1)	**Anmelder** **Name, Vorname/Firma lt. Handelsregister** **Straße, Hausnummer des (Wohn-)Sitzes** *(hier kein Postfach)*	
	Postleitzahl Ort	**Land** *(nur bei ausländischen Adressen)*
(4)	**Vertreter des Anmelders** *(Rechts- oder Patentanwalt)* **Name, Vorname/Bezeichnung** **Straße, Hausnummer** *(kein Postfach)*	
	Postleitzahl Ort	**Land** *(nur bei ausländischen Adressen)*

Abb. 10.1 Anmeldeformular Seite 1 (DPMA)

(5)	**Sammelanmeldung** *(Anlageblatt R 5703.2 ist zu benutzen)*	
	☐ Eintragung als Sammelanmeldung von _____ Designs *(max. 100)*	

(6)	**Erzeugnisangabe** *(nicht mehr als fünf Begriffe)* Recherche zulässiger Begriffe: https://www.dpma.de/recherche/klassifikationen/designs/ locarno/index.html	**Klassifizierung** *(Klasse-Unterklasse)* Sofern Sie hier keine Angabe machen, wird die Klassifizierung vom DPMA festgelegt.

! Bei Sammelanmeldung: Bitte Erzeugnisse und Klassifizierung im Anlageblatt R 5703.2 eintragen, wenn die Angaben nicht auf alle Designs zutreffen.

---

(7) Sonstige Anträge

☐ **Aufschiebung der Bekanntmachung der Wiedergabe**

☐ Verzicht auf die Eintragungsurkunde *(Eine Information über die Eintragung wird immer übersandt.)*

☐ Anmelder ist an Lizenzvergabe interessiert

---

(8) Priorität

☐ ausländische Priorität *(Datum, Staat, Aktenzeichen)*
_____

☐ Ausstellungspriorität *(Ausstellungsbescheinigung ist beizufügen)*
_____

---

(9) Gebührenzahlung *(Erläuterungen und Kostenhinweise siehe letztes Blatt)*

Zahlung per Banküberweisung

☐ **Überweisung**
(dreimonatige Zahlungsfrist beachten)

Zahlungsempfänger:
Bundeskasse Halle/DPMA
IBAN: DE84 7000 0000 0070 0010 54
BIC (SWIFT-Code): MARKDEF1700

Anschrift der Bank:
Bundesbankfiliale München
Leopoldstr. 234, 80807 München

Zahlung mittels SEPA-Basis-Lastschrift

☐ Ein gültiges **SEPA-Basis-Lastschriftmandat** *(Formular A 9530)*

    ☐ liegt dem DPMA bereits vor *(Mandat für mehrmalige Zahlungen)*

    ☐ ist beigefügt

☐ **Angaben zum Verwendungszweck** *(Formular A 9532)* des Mandats mit Mandatsreferenznummer sind beigefügt

! Wird die Anmeldegebühr nicht innerhalb von 3 Monaten nach dem Eingangstag der Anmeldung gezahlt, so gilt die Anmeldung als zurückgenommen.

Abb. 10.2 Anmeldeformular Seite 2 (DPMA)

(10)   Anlagen *(Anzahl)*

1. _____ Wiedergabeformblätter *(R 5703.1 zwingend erforderlich)*

2. _____ Datenträger *(CD oder DVD,* **anstelle** *von Wiedergabeformblättern)*

3. _____ Anlageblatt *(R 5703.2 bei Sammelanmeldungen erforderlich)*

4. _____ Vollmacht

5. _____ Abschrift der Voranmeldung

6. _____ Ausstellungsbescheinigung *(R 5708)*

7. _____ SEPA-Basis-Lastschriftmandat *(A 9530)*

8. _____ Angaben zum Verwendungszweck *(A 9532)*

9. _____ Entwerferbenennung *(R 5707)*

10.

(11)   Unterschrift

Der Unterschrift ist der Name in Druckbuchstaben oder Maschinenschrift hinzuzufügen; bei Firmen die Bezeichnung entsprechend registerrechtlicher Eintragung mit Angabe der Stellung/Funktion des Unterzeichnenden.

Bitte beachten Sie hinsichtlich der Verarbeitung Ihrer personenbezogenen Daten unser Merkblatt A 9106 „Datenschutz bei Schutzrechtsanmeldungen". Dieses finden Sie unter www.dpma.de: Service – Formulare – Sonstige Formulare – Hinweise zum Datenschutz.

_____   _____

Datum   **Unterschrift/en ggf. Firmenstempel**
                                     (der/des Anmelder/s oder des Vertreters)

                                     _____

                                     Funktion/en der/des Unterzeichner/s

Abb. 10.3 Anmeldeformular Seite 3 (DPMA)

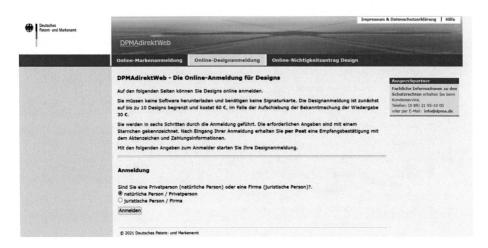

Abb. 10.4 Einstiegsmaske des Service DPMAdirektWeb (DPMA)

Abb. 10.5 Einstiegsmaske Designanmeldung (EUIPO)

Durchsetzung eines Designrechts 11

Die Durchsetzung eines Designrechts erfolgt insbesondere durch eine Berechtigungsanfrage, eine Abmahnung, eine einstweilige Verfügung und im Klageverfahren.

11.1 Berechtigungsanfrage

Eine Berechtigungsanfrage dient der Klärung der rechtlichen Situation. In einer Berechtigungsanfrage werden keine gerichtlichen Schritte angedroht oder das Unterzeichnen einer strafbewehrten Unterlassungserklärung gefordert.

In einer Berechtigungsanfrage wird der potenzielle Verletzer nach seiner Berechtigung zur Benutzung des geschützten Designs gefragt.

Ein Text einer Berechtigungsanfrage kann lauten:

> „Wir sind Inhaber des Designs DE 40 …. Uns ist aufgefallen, dass Sie dieses Design verwenden. Bitte nennen Sie die Gründe, derentwegen Sie sich für berechtigt erachten dies zu tun. Wir haben uns für den Eingang Ihrer Antwort den … (beispielsweise 14 Tage) vermerkt."

11.2 Einstweilige Verfügung

Bei einer Designverletzung kann es erforderlich sein, sehr schnell zu handeln bzw. den Designverletzer zu überraschen, um den Vernichtungsanspruch durchsetzen zu können. Ansonsten besteht die Gefahr, dass die designverletzenden Gegenstände fortgeschafft werden.

© Der/die Autor(en), exklusiv lizenziert durch Springer-Verlag GmbH, DE, ein Teil von
Springer Nature 2021
T. H. Meitinger, *Ohne Anwalt zum Designrecht*,
https://doi.org/10.1007/978-3-662-64205-4_11

Für eine „überraschende" Aktion eignet sich eine einstweilige Verfügung, bei der ohne Vorwarnung die Ansprüche des Designinhabers durchgesetzt werden können. Ist es außerdem nachvollziehbar, dass die Überraschung erforderlich war, um den Vernichtungsanspruch durchzusetzen, kann der Antragsgegner bezüglich der Kosten keinen Klageüberfall geltend machen. Ein Überwälzen der Kosten durch eine sofortige Anerkennung ist damit ausgeschlossen.

11.3   Abmahnung

Ein Unerfahrener geht bei einer Abmahnung wegen der Verletzung eines Designrechts gerne davon aus, dass die Abwehr einfach sei. Man beschreibt einfach einige Unterschiede des eigenen Designs zum geltend gemachten Designrecht und führt außerdem an, dass ein Designrecht ein ungeprüftes Schutzrecht ist. Dieses Vorgehen kann verhängnisvoll sein, insbesondere wenn die Abmahnung von einer im Designrecht versierten Patentanwaltskanzlei stammt. Liegt eine Abmahnung vor, ist ein sorgloser Umgang mit der Abmahnung nicht empfehlenswert.

11.3.1 Ziel einer Abmahnung

Das Ziel einer Abmahnung ist es, eine Verletzung eines Designrechts außergerichtlich zu beenden. Mit der Abmahnung wird der Designverletzer letztmalig aufgefordert, die Designverletzung zu beenden. In einer Abmahnung werden außerdem gerichtliche Maßnahmen angedroht, falls die Designverletzung fortbesteht. Ohne eine Androhung gerichtlicher Schritte handelt es sich nicht um eine Abmahnung, sondern um eine Berechtigungsanfrage. Die Androhung muss „unbedingt" sein. Es muss klar zum Ausdruck kommen, dass eine Fortsetzung der Designverletzung zwingend ein gerichtliches Verfahren zur Folge hat.

Das Ziel einer Abmahnung ist daher, den Unterlassungsanspruch durchzusetzen. Hat der Designinhaber ein anderes Ziel, beispielsweise Lizenzgebühren zu erhalten, bietet sich eine Abmahnung nicht an.

Eine Abmahnung hat den Vorteil, dass der Abgemahnte bei Klageeinreichung die Kosten nicht auf den Kläger wegen Klageüberfalls übertragen kann. Eine Kostenabweisung wäre bei einer Klageeinreichung für den Beklagten nur möglich, falls dieser darlegen kann, dass er „eingelenkt" hätte, wenn er gefragt worden wäre. Bei einer Abmahnung, die ja klar zum Ausdruck bringt, dass eine Klageerhebung bei Fortsetzung der Designverletzung zwingend folgt, kann dieses Argument nicht durchdringen.

11.3.2 Frist zur Beantwortung einer Abmahnung

Eine kurze Frist in einer Abmahnung hat den Grund, dass es dem Abmahnenden weiterhin ermöglicht werden soll, eine Entscheidung im Eilverfahren durch eine einstweilige Verfügung zu erhalten. Eine zu lange Frist zwischen der Entdeckung der Designverletzung und der Antragstellung einer einstweiligen Verfügung würde dies vereiteln. Ein Antragsteller muss nämlich nachweisen, dass der Antrag dringlich ist. Liegt zwischen der Entdeckung der Designverletzung und der Antragstellung mehr wie ein Monat, wird es dem Antragsteller schwerfallen, eine Dringlichkeit zu begründen.

Eine deutlich zu knappe Fristsetzung führt nicht etwa dazu, dass eine Abmahnung unwirksam wird, sondern nur dazu, dass stattdessen von einer angemessenen Frist auszugehen ist.

> **Beispiel**
>
> Die BestDesign GmbH mahnt die BadDesign GmbH am 25. Juni 2021 (Freitag) mit Fristsetzung bis 28. Juni 2021 (Montag) ab. Die BadDesign GmbH beauftragt am Montag ihren Patentanwalt mit der Klärung des Schutzumfangs des geltend gemachten Designs. Am Mittwoch erfährt die BadDesign GmbH, dass ihr Produkt tatsächlich das Designrecht der BestDesign GmbH verletzt und sendet der BestDesign GmbH die unterschriebene strafbewehrte Unterlassungserklärung. Die BestDesign GmbH hat nicht lange gefackelt, sondern gleich am Dienstag dem 29. Juni 2021 einen Antrag auf einstweilige Verfügung gestellt. Die BestDesign GmbH verlangt von der BadDesign GmbH die Kosten der Antragstellung der einstweiligen Verfügung durch ihren Patentanwalt zu erstatten, da die Unterlassungserklärung erst nach Fristsetzung zugesandt wurde.
>
> Die BadDesign GmbH muss die Abmahnkosten bezahlen, nicht jedoch die Kosten für die einstweilige Verfügung, denn eine zu kurze Frist wird automatisch durch eine angemessene Frist ersetzt. Eine Frist ist angemessen, wenn sie es dem Abgemahnten erlaubt, die Abmahnung von seinem Patentanwalt klären zu lassen. Die angemessene Frist dauerte daher mindestens bis Mittwoch.◄

Eine viel zu kurze Fristsetzung sollte misstrauisch machen. Eventuell wird zusätzlich ein hoher Streitwert angesetzt, um insgesamt eine beeindruckende Drohkulisse aufzubauen. Die Absicht kann darin liegen, dass dem Abgemahnten nicht die Zeit gegeben werden soll, die angebliche Designverletzung zu prüfen. Es soll ein schnelles Einknicken provoziert werden. Eventuell ist sich der Abmahner nicht sicher bzw. weiß, dass die Designverletzung keine eindeutige Angelegenheit ist.

Eine Abmahnung sollte in jedem Fall sorgfältig geprüft werden. Eine sehr kurze Frist oder ein übertrieben hoher Streitwert sollten nicht zu einem überhasteten Unterschreiben der strafbewehrten Unterlassungserklärung führen, was eventuell nachträglich bereut wird.

11.3.3 Angabe des Designrechts

In der Abmahnung muss keine Abbildung des Designrechts enthalten sein. Es genügt, falls das Designrecht sicher ermittelt werden kann, beispielsweise weil das amtliche Aktenzeichen angegeben ist.

11.3.4 Designähnlichkeit

Ein Design fällt in den Schutzumfang eines Designrechts, falls das Design denselben „ästhetischen Gesamteindruck" wie das geschützte Design erweckt. Die Ermittlung des „ästhetischen Gesamteindrucks" erfordert ein Grundverständnis des Designrechts.

Die Feststellung des Schutzumfangs setzt die Ermittlung des „vorbekannten Formenschatzes" voraus. Gab es nämlich vor dem Anmelde- oder Prioritätstag des Designrechts eine große Vielfalt an ähnlichen Designs, wird dem eingetragenen Designrecht ein nur kleiner Schutzbereich zugestanden. Andererseits beansprucht ein Designrecht, das im Vergleich zu den vorbekannten Designs außergewöhnlich ist, einen großen Schutzumfang.

11.3.5 Kosten einer Abmahnung

Das Ziel einer Abmahnung ist es, ein gerichtliches Verfahren zu vermeiden, und damit keine Kosten eines Gerichtsverfahrens dem Designverletzer aufbürden zu müssen. Die Kosten einer Abmahnung des Designinhabers sind aber von dem zu Recht Abgemahnten zu ersetzen. Die Kosten sind jedoch nur unter der Voraussetzung zu ersetzen, dass es sich tatsächlich um eine ordnungsgemäße Abmahnung gehandelt hat, dass also gerichtliche Schritte bei Fortsetzung der Designverletzung angedroht wurden. Handelt es sich nur um eine Berechtigungsanfrage muss der Designverletzer keine Kosten des Designinhabers übernehmen.

11.4   Reaktion auf eine Abmahnung

Auf eine Abmahnung muss reagiert werden. Ansonsten droht eine einstweilige Verfügung oder ein Klageverfahren mit dem entsprechenden Kostenrisiko. Liegt eine einstweilige Verfügung vor, muss die Verwendung des Designrechts beendet werden, auch falls objektiv keine Designverletzung vorliegt.

Berechtigte Abmahnung Ist die Abmahnung berechtigt, muss die Verwendung des abgemahnten Designs unterlassen werden und die strafbewerte Unterlassungserklärung unterschrieben werden. Die Wiederholungsgefahr lässt sich nur durch eine Unterlassungs-erklärung beseitigen, die mit einer entsprechend hohen Vertragsstrafe ausgestattet ist. Eine einfache Zusage, die Designverletzung zukünftig zu unterlassen, ist nicht ausreichend.

Unberechtigte Abmahnung Bei einer unberechtigten Abmahnung hat der Abgemahnte einen Anspruch auf Erstattung derjenigen Kosten, die ihm durch die Abmahnung erwachsen sind. Hierzu zählen insbesondere die Kosten für einen Patentanwalt, der beauftragt wurde, um die angebliche Designverletzung zu prüfen und die unberechtigte Abmahnung abzuwehren.

In diesem Fall sollte auch geklärt werden, wie eine Wiederholung der unberechtigten Abmahnung unterbunden werden kann. Eine Möglichkeit ist eine negative Feststellungs-klage, bei der ein Gericht feststellt, dass keine Designverletzung vorliegt. Hierdurch wird sichergestellt, dass nicht zu einem späteren Zeitpunkt eine erneute Abmahnung erfolgt und dann, aufgrund der weiter erfolgten Benutzung des Designs, hohe Schadensersatzforderun-gen erhoben werden.

Vorsicht bei einem Grenzfall Es gibt Grenzfälle, die bei einer nicht akkuraten Prüfung den Anschein einer berechtigten Abmahnung erwecken. In einem derartigen Fall besteht die Gefahr, dass dennoch eine einstweilige Verfügung erwirkt wird. Mit einer einstweiligen Verfügung kann ein hoher Druck auf den Antragsgegner aufgebaut werden, sodass eine Einigung erzwungen werden kann.

Bei Grenzfällen ergibt sich in der Praxis das immer gleiche Strickmuster der Abmah-ner. Es werden geschickt Fotografien des angeblich verletzenden Designs aus geeigneten Perspektiven erstellt und aufgrund dieser eine einstweilige Verfügung erwirkt.

In der Praxis hat sich erwiesen, dass die Grenzfälle die problematischsten sind. Keinesfalls sollten diese auf die leichte Schulter genommen werden. Es ist in aller Regel auch nicht zielführend, zu versuchen, dem Abmahner seinen Irrtum zu erklären.

11.5 Grenzen der Durchsetzung

Es gibt Grenzen der Durchsetzbarkeit eines Designrechts.

Vorbenutzungsrecht Kann der Benutzer eines Designs nachweisen, dass er das Design bereits zum Zeitpunkt der Anmeldung des Designrechts in Benutzung hatte, so kann des Designrecht nicht gegen ihn angewandt werden.[1]

---

[1] BGH, 29.6.2017, I ZR 9/16 – Bettgestell.

Technisch bedingte Gestaltung Ist ein Design rein technisch bedingt, besteht kein durchsetzbarer Designschutz.[2] Eine ausschließlich auf technischen Erwägungen basierte Gestaltung kann kein Designrecht begründen. Für technische Schöpfungen ist das Patentrecht vorgesehen.

Sichtbarkeit Ein Designrecht muss neu sein und Eigenart aufweisen, damit es rechtsbeständig ist. Wird eine ästhetische Gestaltung in eine Vorrichtung eingebaut, so müssen die dann im üblichen Gebrauch sichtbaren Elemente der ästhetischen Gestaltung neu sein und Eigenart begründen, um zu einem rechtsbeständigen Design zu führen.[3]

11.6   Klageverfahren

Ein Klageverfahren wegen der Verletzung eines Designs findet vor einem ordentlichen Gericht statt. Es wurden in jedem Bundesland Deutschlands zuständige Gerichte bestimmt, die sich auf Designverletzungsverfahren spezialisiert haben.[4]

11.6.1 Widerklage

In einem Verletzungsverfahren kann der Beklagte die Rechtsbeständigkeit des Designs in Frage stellen. Hierzu kann die Nichtigkeit im Wege der Widerklage geltend gemacht werden.[5] In diesem Fall prüft nicht das deutsche Patentamt die Rechtsbeständigkeit des Designs, sondern das bereits befasste Verletzungsgericht.

11.6.2 Gerichte

Streitsachen, die deutsche Designs oder Gemeinschaftsgeschmacksmuster betreffen, werden in erster Instanz vor den Landgerichten verhandelt.[6] Der Streitwert spielt keine Rolle. Es wurden für jedes Bundesland besondere Land- und Oberlandesgerichte bestimmt, die für Streitsachen zu deutschen Designs und Gemeinschaftsgeschmacksmuster zuständig sind. Es kann nicht ein beliebiges Landgericht eines Bundeslands angerufen werden.

---

[2] § 3 Absatz 1 Nr. 1 Designgesetz bzw. Artikel 8 Absatz 1 GGV.
[3] § 4 Designgesetz.
[4] § 52 Absätze 2 und 3 Designgesetz.
[5] § 52b Absatz 1 Satz 1 Designgesetz.
[6] § 63 Absatz 1 Designgesetz.

Hierdurch kann eine Konzentration der Designstreitsachen auf einzelne Land- und Oberlandesgerichte erreicht werden, die sich dadurch eine besondere Sachkompetenz aufbauen können.

Nichtigkeitsverfahren

12

Eine amtliche Prüfung der Neuheit und Eigenart findet nur in einem Nichtigkeitsverfahren statt. Voraussetzung für ein Nichtigkeitsverfahren ist ein Antrag eines Dritten.

12.1 Deutsches Design

Es werden die Nichtigkeitsgründe und der Ablauf eines Designnichtigkeitsverfahrens erläutert.

12.1.1 Nichtigkeitsgründe

Ein Nichtigkeitsverfahren hat Erfolg, wenn das angefochtene Design absolute Nichtigkeitsgründe verletzt. Absolute Nichtigkeitsgründe sind insbesondere mangelnde Neuheit und fehlende Eigenart.[1] Außerdem ist ein Design nichtig, falls sich seine Gestaltungsform allein aus der technischen Funktion ergibt oder falls die Gestaltungsform derart ist, damit es mit einem anderen Erzeugnis mechanisch zusammengebaut werden kann, um eine Funktion zu erfüllen. Designs, die gegen die öffentliche Ordnung oder die guten Sitten verstoßen, sind ebenfalls löschungsreif.[2]

Es gibt zusätzlich „relative" Nichtigkeitsgründe, die sich aufgrund eines älteren Schutzrechts ergeben. Handelt es sich bei dem Design um eine unerlaubte Benutzung eines urheberrechtlich geschützten Werkes, ist das Design nichtig. Außerdem ist ein Design für nichtig zu erklären, falls es mit einem älteren Design kollidiert, selbst wenn dieses erst nach dem Anmeldetag des angefochtenen Designs veröffentlicht wurde. Zusätzlich

---

[1] § 33 Absatz 1 Nr. 2 Designgesetz.

[2] § 33 Absatz 1 Nr. 3 i. V. m. § 3 Absatz 1 Nr. 1 bis 3 Designgesetz.

sind Zeichen mit Unterscheidungskraft zu berücksichtigen, deren Inhaber einen Unterlassungsanspruch haben. Beispielsweise hat ein Inhaber einer eingetragenen Marke einen
Unterlassungsanspruch und kann ein Design, das diese Marke oder Teile daraus benutzt,
mit einem Nichtigkeitsverfahren beseitigen. Insbesondere kann ein Inhaber einer 3D-
Marke ein jüngeres Designrecht, das die 3D-Form der Marke realisiert, für nichtig
erklären lassen.[3]

Der Unterschied zwischen absoluten und relativen Nichtigkeitsgründen ist in der unterschiedlichen Aktivlegitimation begründet. Die absoluten Nichtigkeitsgründe können von
jedermann geltend gemacht werden. Auf Basis der absoluten Nichtigkeitsgründe kann
jedermann einen Antrag auf Nichtigerklärung stellen (Popularklage). Im Gegensatz dazu
können die relativen Nichtigkeitsgründe nur von den Inhabern der betroffenen Rechte
geltend gemacht werden.

Der Antragsgegner eines Designnichtigkeitsverfahrens (Passivlegitimation) ist der in
dem Register des deutschen Patentamts eingetragene Designinhaber. Die tatsächliche
Inhaberschaft (materiell-rechtliche Inhaberschaft) ist ohne Bedeutung.

Außerdem unterscheiden sich absolute und relative Nichtigkeitsgründe darin, dass ein
Vorliegen eines absoluten Nichtigkeitsgrunds zu einer vollständigen Ungültigkeit des
Designrechts führt. Bei einem relativen Nichtigkeitsgrund kann es zu einer „Heilung"
kommen, die bei einem absoluten Nichtigkeitsgrund kategorisch ausgeschlossen ist.

Wird ein Design, beispielsweise wegen einer 3D-Marke, angegriffen, kann der Designinhaber auf einzelne Merkmale verzichten, um eine teilweise Aufrechterhaltung seines
Designs zu ermöglichen. Es dürfen aber keine neuen Merkmale aufgenommen werden
und die Identität des Designs darf sich durch den Verzicht auf Merkmale des Designs
nicht ändern. Die Identität bleibt erhalten, falls der Verzicht nur unwesentliche Merkmale
betrifft.

Wird ein Design für nichtig erklärt, gilt es als von Anfang an (ex tunc) unwirksam.
Das bedeutet, dass ein nichtiges Design zu keinem Zeitpunkt eine Schutzwirkung entfaltet
hat.[4]

12.1.2 Ablauf des Nichtigkeitsverfahrens

Das Designnichtigkeitsverfahren beginnt auf Antrag, der beim deutschen Patentamt einzureichen ist. Der Antrag ist zu begründen und die Tatsachen und Beweismittel, die zur
Begründung des Antrags führen, sind beizufügen. Das bedeutet, dass zu erläutern ist,
warum das Design beispielsweise nicht neu ist oder keine Eigenart vor dem Hintergrund
des vorbekannten Formenschatzes aufweist.[5]

---

[3] § 33 Absatz 2 Nr. 3 Designgesetz.
[4] § 33 Absatz 4 Designgesetz.
[5] § 34a Absatz 1 Sätze 1 und 2 Designgesetz.

Das deutsche Patentamt stellt den Antrag dem Inhaber des eingetragenen Designs zu und fordert ihn auf, sich zu dem Antrag innerhalb einer Frist von einem Monat zu erklären. Widerspricht der Designinhaber nicht dem Antrag, wird das Design für nichtig erklärt und aus dem Register entfernt.[6]

Widerspricht der Inhaber beginnt das streitige Verfahren, bei dem eine Anhörung stattfinden kann, wenn ein Beteiligter dies beantragt oder das deutsche Patentamt dies für sachdienlich erachtet. Es können Zeugen und Sachverständige gehört werden oder Augenschein eingenommen werden. Zu einer Anhörung und Vernehmung wird eine Niederschrift erstellt.[7]

In aller Regel wird eine Kostenentscheidung getroffen, bei der das Unterliegensprinzip angewandt wird.[8] In diesem Fall muss die unterliegende Partei die gesamten Kosten, also die Anwaltskosten beider Parteien und die Gerichtskosten, bezahlen. Es können auch Billigkeitserwägungen zum Tragen kommen.[9] Wird keine Entscheidung über die Kosten getroffen, trägt jeder Beteiligte seine Kosten selbst.[10]

12.1.3 Beitritt zum Nichtigkeitsverfahren

Ein Dritter kann einem anhängigen Nichtigkeitsverfahren beitreten. Voraussetzung ist ein rechtliches Interesse. Ein rechtliches Interesse ist beispielsweise gegeben, falls gegen den Dritten ein Verfahren wegen Verletzung des Designs anhängig ist oder gegen ihn ein Unterlassungsanspruch aus dem Designrecht geltend gemacht wurde.[11]

12.1.4 Nichtangriffsabrede

Eine Nichtangriffsabrede bedeutet, dass von einer ersten Vertragspartei das Designrecht der zweiten Vertragspartei nicht angegriffen werden darf. Mit einer Nichtangriffsabrede wird eine Nichtigkeitsklage der ersten Vertragspartei gegen das Designrecht der zweiten Vertragspartei unzulässig. Nach Ablauf der vereinbarten Zeitdauer der Nichtangriffsabrede wird eine Nichtigkeitsklage wieder zulässig, außer es ist von einem fortwirkenden Treueverhältnis auszugehen.[12]

---

[6] § 34a Absatz 2 Sätze 1 und 2 Designgesetz.
[7] § 34a Absatz 3 Designgesetz.
[8] § 91 Absatz 1 Satz 1 ZPO.
[9] § 91a Absatz 1 Satz 1 ZPO.
[10] § 34a Absatz 5 Satz 6 Designgesetz.
[11] § 34c Absatz 1 Designgesetz.
[12] BGH, 14.7.1964, Ia ZR 195/63, Gewerblicher Rechtsschutz und Urheberrecht, 1965, 135 – Vanal-Patent.

Eine Nichtangriffsabrede ist unzulässig, falls sie geeignet ist, den Handel oder den Wettbewerb zwischen den EU-Mitgliedsstaaten spürbar zu beeinträchtigen.[13]

12.2 Gemeinschaftsgeschmacksmuster

Ein eingetragenes Gemeinschaftsgeschmacksmuster kann auf zwei Wegen für nichtig erklärt werden. Zum einen kann hierzu ein Nichtigkeitsverfahren vor dem EUIPO angestrengt werden. Außerdem kann im Wege einer Widerklage im Verletzungsverfahren das Gemeinschaftsgeschmacksmuster für nichtig erklärt werden.[14]

12.3 Internationale Eintragung

Der deutsche Teil einer internationalen Eintragung kann mit einem Nichtigkeitsverfahren vor dem deutschen Patentamt angegriffen werden. Ist das Designnichtigkeitsverfahren erfolgreich, wird die internationale Eintragung für das Hoheitsgebiet der Bundesrepublik Deutschland für unwirksam erklärt.[15]

---

[13] Artikel 101 AEUV.
[14] Artikel 24 Absatz 1 GGV.
[15] § 70 Absatz 1 Designgesetz.

Verwertung von Designrechten

13

Das Eigentum an dem Design steht dem Entwerfer zu.[1] Eine Verwertung seines Designrechts kann durch einen Verkauf oder eine Lizenzierung erfolgen.

13.1 Arbeitnehmerdesign

Ist der Entwerfer ein Arbeitnehmer und hat er in Ausübung seiner Aufgaben als Arbeitnehmer oder auf Weisungen seines Arbeitgebers das Design geschaffen, so ist der Arbeitgeber nach deutschem und europäischen Recht der Inhaber des Designs. Ein eingetragenes deutsches Design und ein Gemeinschaftsgeschmacksmuster gehören daher dem Arbeitgeber.[2] Ein Vergütungsanspruch des entwerfenden Arbeitnehmers entsteht nicht.[3] Eine Verwertung eines Designs durch den entwerfenden Arbeitnehmer ist nur nach Freigabe des Designs durch den Arbeitgeber zulässig. Selbstständige Auftragnehmer gelten nicht als Arbeitnehmer.

---

[1] § 7 Absatz 1 Satz 1 Designgesetz bzw. Artikel 14 Absatz 1 GGV.

[2] § 7 Absatz 2 Designgesetz bzw. Artikel 14 Absatz 3 GGV.

[3] In Deutschland kann ein Arbeitgeber die technische Erfindung seines erfinderischen Arbeitnehmers gemäß dem Gesetz über Arbeitnehmererfindungen in Anspruch nehmen. Durch die Inanspruchnahme entsteht ein Vergütungsanspruch des Arbeitnehmers gegen seinen Arbeitgeber. Eine derartige Regelung besteht für deutsche oder europäische Designs nicht.

T. H. Meitinger, *Ohne Anwalt zum Designrecht*,
https://doi.org/10.1007/978-3-662-64205-4_13

13.2   Umschreibung im Register bei Verkauf

Das Designregister dient der Information der Öffentlichkeit. Erfolgt ein Wechsel der Inhaberschaft wird das Register unrichtig. Im Interesse des Käufers und des Verkäufers sollte die Richtigkeit des Registers durch eine Umschreibung wiederhergestellt werden.

Der Gesetzgeber kann eine Richtigstellung des Registers nicht erzwingen. Allerdings übt der Gesetzgeber dadurch Druck aus, dass der Rechtsnachfolger seine Rechte aus dem Design nicht durchsetzen kann, solange er nicht als Inhaber in das Register eingetragen wurde. Außerdem sind Klagen gegen das Design an den registrierten Inhaber zu richten, und nicht an den materiell-rechtlich legitimierten Inhaber. Es besteht daher sowohl für den Käufer als auch für den Verkäufer eines Designrechts Grund, eine Umschreibung der Inhaberschaft vorzunehmen.

13.3   Wert eines Designs

Die Bewertung eines Designs setzt eine Einzelfallanalyse voraus. Einen objektiven Marktwert zu ermitteln, kann dabei nicht erwartet werden. Korrekterweise kann nicht von einer Bewertung, sondern muss von einer Schätzung des Werts eines Designs gesprochen werden. Eine vertrauenswürdige Bewertung ist nur möglich, falls bereits Umsätze mit dem Design erzielt wurden. Anhand aktueller Umsätze kann eine Prognose erstellt werden. Es ist dabei zu berücksichtigen, dass sich die Attraktivität des Designs für den Markt durch ein Ändern des Kundengeschmacks ändern kann.

13.4   Lizenz

Eine Lizenz ist eine vertragliche Vereinbarung über das Einräumen von Nutzungsrechten an einem Designrecht.[4] Hierbei stellt eine Lizenzgebühr die Gegenleistung dar.[5]

---

[4] § 31 Designgesetz.

[5] Es gibt unentgeltliche Lizenzen, die als Freilizenzen bezeichnet werden. Bei einer Freilizenz wird dem Lizenznehmer ein Nutzungsrecht eingeräumt, ohne dass eine Lizenzgebühr zu entrichten ist. Eine Freilizenz erhält beispielsweise ein Dritter, der einen Formenschatz recherchiert hat, der die Rechtsbeständigkeit des Designrechts erschüttert. Um zu vermeiden, dass der einschlägige Formenschatz in einem Verfahren gegen das Designrecht verwendet wird, räumt der Designinhaber dem Dritten eine Freilizenz ein.

13.4.1 Typologie

Eine ausschließliche oder exklusive Lizenz gewährt dem Lizenznehmer die exklusive Nutzung des lizenzierten Designs. Eine ausschließliche Lizenz schließt auch den Lizenzgeber von der Nutzung aus. Allerdings kann sich der Lizenzgeber vertraglich vorbehalten, das Design neben dem Lizenznehmer zu nutzen.

Bei Vergabe einer nicht-ausschließlichen oder einfachen Lizenz ist der Lizenzgeber berechtigt, weitere Lizenzen zu vergeben. Bei einer einfachen Lizenz sollte der Lizenznehmer darauf achten, dass eine Meistbegünstigungsklausel vereinbart wird. Durch eine Meistbegünstigungsklausel wird sichergestellt, dass es keine Lizenznehmer gibt, die geringere Lizenzgebühren zahlen. Auf diese Weise kann Waffengleichheit der einzelnen Lizenznehmer sichergestellt werden.

Ein exklusiver Lizenznehmer ist berechtigt, selbst Lizenzen zu vergeben. In diesem Fall kann sich eine Hierarchie von sogenannten Unterlizenzen ergeben. In aller Regel schließt der Designinhaber das Recht zur Vergabe von Unterlizenzen aus, um nicht mit Vertragsparteien konfrontiert zu werden, die er sich nicht aussuchen konnte.

13.4.2 Haftung für den Bestand

Der Lizenzgeber haftet für den Bestand des Schutzrechts. Ergibt sich im Laufe der Lizenzvertragsdauer, dass das Designrecht nicht rechtsbeständig ist bzw. wird das Designrecht für nichtig erklärt, kann der Lizenzgeber seine Pflicht zur Einräumung eines monopolartigen Nutzungsrechts nicht mehr erfüllen. In diesem Fall bleibt der Lizenzvertrag bestehen und es findet ein Interessenausglich statt, bei dem zu berücksichtigen ist, bis wann eine Vorzugsstellung des Lizenznehmers gegenüber einem Nicht-Lizenznehmer bestanden hat. Für die Zeit der Vorzugsstellung bleibt die Pflicht des Lizenznehmers zur Zahlung der Lizenzgebühren bestehen. Für die Zeit danach erlöscht sie.

13.4.3 Haftung für Freiheit von Rechten Dritter

Liegt ein Recht eines Dritten vor und kann der Lizenznehmer hierdurch sein Nutzungsrecht nicht ausüben, kann ihm Schadensersatz zustehen. Der Lizenzgeber wird schadensersatzpflichtig, falls der Lizenzgeber von dem Recht des Dritten wusste oder falls er aufgrund von Fahrlässigkeit das Recht des Dritten nicht kannte.

13.5   Bestandteile eines Lizenzvertrags

Es werden die wichtigsten Klauseln eines Lizenzvertrags vorgestellt.

Präambel In der Präambel sind die Ausgangslage und die Erwartungen der Vertragsparteien zu erläutern. Hierdurch wird es ermöglicht, nötigenfalls Vertragslücken derart zu schließen, dass der Vertragszweck weiterhin erreicht wird.

Definitionen Begriffe des Lizenzvertrags, die nicht allgemein verständlich sind, sollten definiert werden. Hierdurch werden auseinandergehende Interpretationen dieser Begriffe ausgeschlossen.

Gegenstand der Lizenz Es ist das lizenzierte Schutzrecht und die Art der eingeräumten Nutzungshandlungen zu beschreiben. Es sollte die Bezeichnung und die amtliche Nummer des lizenzierten Schutzrechts in den Vertrag aufgenommen werden.

Art der Lizenz Es ist zu bestimmen, ob eine ausschließliche oder eine einfache Lizenz erteilt wird. Wird eine ausschließliche Lizenz vereinbart, ist zu regeln, ob die Erteilung von Unterlizenzen zulässig ist oder gegen den Vertrag verstößt.

Vertragsgebiet Bei einem Gemeinschaftsgeschmacksmuster ist zu bestimmen, ob die Ausübung der Nutzungsrechte innerhalb der gesamten Europäischen Union oder nur innerhalb einzelner EU-Mitgliedsstaaten erlaubt ist. Außerdem kann die Lizenz auf einzelne Regionen innerhalb eines EU-Mitgliedsstaats beschränkt werden. Bei einem deutschen eingetragenen Design ist zu regeln, ob die Wirkung des Lizenzvertrags für das komplette Hoheitsgebiet der Bundesrepublik Deutschland gilt oder nur für einzelne Regionen, beispielsweise nur für Bayern oder nur in Hessen.

Erzeugnisse Ein Lizenzvertrag sollte eine Regelung darüber enthalten, für welche Produkte und Waren das Design aufgrund des Lizenzvertrags genutzt werden kann.

Qualität der Erzeugnisse Für den Lizenzgeber ist es wichtig, dass sein Design nicht mit einem minderwertigen Produkt in Verbindung gebracht wird. Hierdurch vermeidet er, dass er aufgrund eines schlechten Qualitätsimages keine weiteren Lizenznehmer findet. Vertreibt der Lizenzgeber selbst Waren mit dem lizenzierten Design, ist sein Interesse an einem guten Qualitätsimage unmittelbar gegeben.

Benutzungshandlungen Ist keine Benutzungshandlung bestimmt, kann der Lizenznehmer Produkte mit dem Design herstellen und vertreiben. Alternativ kann eine Beschränkung der Lizenz auf beispielsweise den Vertrieb lizenzgemäßer Waren vereinbart werden.

Ausübungspflicht Der Lizenzgeber muss darauf achten, dass eine Lizenzvereinbarung nicht zu einer Blockade führt. Gewärtigt der Lizenznehmer bei Nicht-Nutzen des Lizenzvertrags keine Nachteile, könnte er den Lizenzvertrag abschließen, um Konkurrenz zu verhindern. Dies kann insbesondere der Fall sein, falls der Lizenznehmer beabsichtigt, Produkte eines Wettbewerbers des Lizenzgebers zu vertreiben.

Eine Ausübungspflicht kann durch das Vereinbaren von Mindestmengen an hergestellten lizenzgemäßen Erzeugnissen sichergestellt werden. Werden die Mindestmengen nicht erreicht, kann dem Lizenzgeber ein Kündigungsrecht eingeräumt werden.

Weiterentwicklungen Weiterentwicklungen des Designs können dem Lizenznehmer zur Aufnahme in seinen Lizenzvertrag angeboten werden. Andererseits kann dem Lizenzgeber angeboten werden, dass er Weiterentwicklungen des Designs durch den Lizenznehmer lizenziert, beispielsweise nach Auslaufen des bestehenden Lizenzvertrags.

Umsatzabhängige Lizenz Die Lizenzgebühr kann sich anteilig aus dem erwirtschafteten Umsatz ergeben.[6] Die umsatzabhängige Lizenz wird auch als Stücklizenz bezeichnet. Allerdings kann der Begriff einer „Stücklizenz" irreführend sein, falls die umsatzabhängige Lizenz nicht bezüglich einer Produkteinheit, sondern bezüglich eines Produktgewichts oder eines Produktvolumens bemessen wird.

Grundlage einer umsatzabhängigen Lizenz ist üblicherweise ein Netto-Rechnungsendbetrag. Dieser Netto-Rechnungsendbetrag errechnet sich als der Rechnungsbetrag auf den Rechnungen des Lizenznehmers abzüglich der Mehrwertsteuer, der Kosten der Verpackung, der Kosten für Fracht und Transportversicherung und abzüglich gewährter Rabatte, Skonti und Provisionen. In dem Lizenzvertrag kann beispielsweise eine Passage aufgenommen werden:

> „Der Lizenznehmer entrichtet dem Lizenzgeber eine Lizenzgebühr, die sich aus dem Netto-Rechnungsbetrag ergibt. Der Netto-Rechnungsbetrag ist der den Kunden des Lizenznehmers in Rechnung gestellte Betrag abzüglich der Mehrwertsteuer, der Kosten der Verpackung und des Versands und abzüglich gewährter Rabatte und Skonti. Gewährte Provisionen werden ebenfalls von dem Rechnungsbetrag abgezogen. Die Lizenzgebühr ergibt sich als Multiplikation des Netto-Rechnungsbetrags mit einem Lizenzsatz. Die Lizenzgebühr wird nach Zahlung der Rechnung durch den Kunden des Lizenznehmers fällig."

Der übliche Lizenzsatz variiert von Branche zu Branche stark. In der Automobil- und Automobilzulieferindustrie sind Lizenzsätze von 0,5 % bis 1,5 % üblich. In der Medizintechnik werden Lizenzsätze von 2 % bis 10 % vereinbart. Bei der Festlegung des Lizenzsatzes sollte die übliche Gewinnmarge der betreffenden Branche als Richtschnur genutzt werden. Wird ein Werk der angewandten Kunst lizenziert, werden Lizenzsätze von 8 % bis 13 % vereinbart.

---

[6] BGH, 20.7.1999, X ZR 121/96, Gewerblicher Rechtsschutz und Urheberrecht, 2000, 138 – Knopflochnähmaschinen; BGH, 23.6.2005, I ZR 263/02, Gewerblicher Rechtsschutz und Urheberrecht, 2006, 143, 146 – Catwalk.

Alternativ kann der Gewinn zur Berechnungsgrundlage der Lizenzgebühr verwendet werden. Nachteilig hierbei ist, dass die Gewinnberechnung weniger transparent im Vergleich zur Umsatzberechnung ist.

Es kann interessengerecht sein, eine Abstaffelung der zu zahlenden Lizenzgebühren festzulegen. Hierbei erniedrigt sich der Lizenzsatz mit der Zunahme des Umsatzes. Eine Abstaffelung ist nur zu vereinbaren, falls sehr große Umsätze zu erwarten sind und sollte auch nur bei diesen greifen.

Pauschallizenz Eine Pauschallizenz kann sinnvoll sein, falls der Lizenznehmer seinen Firmensitz im Ausland hat oder falls dieser nicht in der Lage ist, eine geeignete Buchhaltung aufrechtzuhalten, die aussagekräftige Umsatzzahlen liefern kann. Außerdem kann mit einer Pauschallizenz einem Lizenzvertragsabschluss rein aus Blockadeabsichten vorgebeugt werden.

Mischform aus Stücklizenz und Pauschallizenz Die in der Praxis häufigste Form der Berechnung der Lizenzgebühr stellt eine Mischform einer umsatzabhängigen Lizenz und einer Pauschallizenz dar.[7] Durch die Pauschallizenz kann sichergestellt werden, dass der Lizenznehmer auf alle Fälle Lizenzzahlungen erhält. Andererseits wird er durch die Stücklizenz an einem Erfolg durch das lizenzierte Design anteilsmäßig beteiligt.

Abrechnung Eine Vereinbarung einer umsatzabhängigen Lizenz erfordert eine Rechnungslegung des Lizenznehmers über die lizenzpflichtigen Umsätze. Die Rechnungslegung schafft die Transparenz und Nachvollziehbarkeit, die zu einer Prüfung der Abrechnungsweise erforderlich ist. Eine geeignete Vereinbarung könnte sein:

> „Ein Abrechnungszeitraum beträgt ein Vierteljahr (drei Monate), beginnend mit dem 1.1.2021. Hierbei werden alle Rechnungen, die ein Rechnungsdatum innerhalb des jeweiligen Abrechnungszeitraums enthalten, mit dem Rechnungsbetrag und dem Rechnungsdatum in chronologischer Reihenfolge in einem Bericht aufgelistet. Der Bericht wird vom Lizenznehmer spätestens im ersten Monat des folgenden Abrechnungszeitraums dem Lizenzgeber übermittelt."

Abrechnungskontrolle Eine Abrechnungskontrolle durch einen Sachverständigen, beispielsweise einem Wirtschaftsprüfer, kann vereinbart werden. Der Sachverständige kann eine Bucheinsicht vornehmen, bei der die Richtigkeit und Vollständigkeit zu prüfen ist. Die Kosten der Buchprüfung sind vom Lizenzgeber zu bezahlen, außer wenn sich erhebliche Abweichungen zu den Angaben des Lizenznehmers zu den zu zahlenden Lizenzgebühren ergeben. Eine geeignete Regelung wäre:

---

[7] Grüger, Gewerblicher Rechtsschutz und Urheberrecht, 2006, 536, 540.

„Der Lizenzgeber hat das Recht, einen Wirtschaftsprüfer zur Prüfung auf Richtigkeit und Vollständigkeit der Berechnungen des Lizenznehmers zu bestellen. Dem Wirtschaftsprüfer wird Einblick in die relevante Rechnungslegung des Lizenznehmers gewährt. Der Wirtschaftsprüfer ist zum Stillschweigen verpflichtet, solange sich keine Abweichungen von insgesamt 5% oder darüber zu den Berechnungen des Lizenznehmers ergeben. Die Kosten des Wirtschaftsprüfers werden von dem Lizenzgeber getragen. Ermittelt der Wirtschaftsprüfer Abweichungen von 5% oder darüber zu den Abrechnungen des Lizenznehmers, trägt der Lizenznehmer die Kosten des Wirtschaftsprüfers.“

Gewährleistung Der Lizenzgeber kann für einen mangelnden wirtschaftlichen Erfolg des Lizenznehmers nicht haftbar gemacht werden. Wissentlich unrichtige Angaben des Lizenzgebers zum vorbekannten Formenschatz, die zu einer Schmälerung des angenommenen Schutzumfangs führen, können jedoch zu einem Schadensersatzanspruch des Lizenznehmers gegenüber dem Lizenzgeber führen.

Es ist in Rechnung zu stellen, dass es sich bei einem Designrecht um ein ungeprüftes Schutzrecht handelt. Dem Lizenznehmer ist daher von vorneherein bekannt, welches rechtliche Wagnis die Lizenznahme eines Designrechts darstellt.

Typischerweise enthält eine Lizenzvereinbarung eine Klausel, die eine Versicherung des Bestands des Designrechts darstellt:

„Der Lizenzgeber versichert, dass ihm kein Designrecht bekannt ist, das die Schutzfähigkeit des lizenzierten Designs infragestellt. Außerdem ist kein Verfahren anhängig, das die Frage der Rechtsbeständigkeit des lizenzierten Designs zum Gegenstand hat.“

Produkthaftung Die Produkthaftung ist mit der Herstellung des betreffenden Produkts verbunden, an der der Lizenzgeber nicht beteiligt ist. Das Risiko der gesetzlichen Produkthaftung ist allein dem Lizenznehmer zuzuweisen.

Aufrechterhaltung des Designrechts Der Lizenzgeber ist verpflichtet, das Designrecht durch die Zahlung von Verlängerungsgebühren aufrechtzuerhalten. Dennoch kann es sinnvoll sein, eine entsprechende Klausel in eine Lizenzvereinbarung aufzunehmen. Hierdurch wird Rechtsklarheit geschaffen. Außerdem kann ein Vorkaufsrecht für den Lizenznehmer vorgesehen werden. Sollte der Lizenzgeber die Absicht haben, sein Designrecht zu veräußern, müsste er es dann zunächst seinem Lizenznehmer anbieten, der es zu den gleichen Konditionen wie ein Dritter erwerben kann.

Verteidigung und Durchsetzung des Designrechts Die Verteidigung des Schutzrechts ist allein die Aufgabe des Lizenzgebers. Die Durchsetzung des Schutzrechts gegen Rechtsverletzungen kann von dem Lizenzgeber oder seinem ausschließlichen Lizenznehmer erfolgen.

Der einfache Lizenznehmer ist nicht aktivlegitimiert, eine Rechtsverletzung zu bekämpfen. Eine geeignete Klausel könnte lauten:

> „Die gerichtliche oder außergerichtliche Geltendmachung von Ansprüchen aus dem Designrecht oder das Abwehren von Ansprüchen Dritter gegen das Designrecht steht allein dem Lizenzgeber zu. Werden gerichtliche oder außergerichtliche Maßnahmen wegen der Rechtsverletzung Dritter aufgrund der Benutzung des lizenzierten Designs gegenüber dem Lizenznehmer geltend gemacht, unterrichtet der Lizenznehmer den Lizenzgeber sofort und vollständig. Der Lizenznehmer wird keine eigenen Maßnahmen ergreifen oder Erklärungen abgeben."

Nichtangriffsabrede Es ist üblich, Nichtangriffsabreden, also die Unzulässigkeit von Angriffen des Lizenznehmers gegen den Bestand des lizenzierten Designs, in den Lizenzvertrag aufzunehmen.

Geheimhaltung von Know-How Know-How ist Wissen, das dem Eingeweihten einen Wettbewerbsvorteil verschafft. Know-How ist nicht schutzfähig oder es ist nicht durch ein Schutzrecht geschützt.

Wird durch den Lizenzvertrag vereinbart, dass der Lizenzgeber dem Lizenznehmer technisches oder geschäftliches Know-How vermittelt, ist eine Geheimhaltungsklausel unabdingbar. Bei der Lizenzierung von Designrechten ist ein Know-How-Transfer selten. Eine Know-How-Klausel ist vor allem bei der Lizenzierung von Patenten und Gebrauchsmustern üblich.

Vertragsdauer In der Lizenzvereinbarung ist die Dauer des Lizenzvertrags und sein Starttermin anzugeben. Alternativ kann der Endtermin bestimmt werden. Der Lizenzvertrag endet auf alle Fälle mit dem Ende der maximalen Schutzdauer des Designrechts.

Ordentliche Kündigung Es kann eine ordentliche Kündigung vor Ablauf der Vertragslaufzeit vorgesehen sein. Hierbei ist zu beachten, dass der Lizenzgeber typischerweise eine lange Vorlaufzeit benötigt, um einen Nachfolger für den Lizenznehmer zu finden. Der Lizenzgeber wird daher nur eine Kündigungsfrist von ungefähr sechs Monaten akzeptieren. Andererseits wird es auch im Interesse des Lizenznehmers sein, eine lange Kündigungsfrist zu vereinbaren, da eine entsprechende Produktionsumstellung nur im Zeitraum von mehreren Monaten zu schaffen sein wird. Es ist daher typischerweise im Interesse beider Parteien eine Kündigungsfrist von mindestens sechs Monaten zu vereinbaren.

Es kann sachgerecht sein, eine Kündigungsmöglichkeit nur vorzusehen, falls eine lange Vertragslaufzeit von über fünf Jahren vereinbart wird. Andernfalls kann die Wirtschaftlichkeit der Lizenzvereinbarung insgesamt fraglich sein und es kann für den Lizenznehmer ratsam sein, von einer Vertragsunterzeichnung Abstand zu nehmen. Dies kann insbesondere der Fall sein, falls der Lizenznehmer hohe Investitionen vornehmen muss, um das lizenzierte Design herzustellen. Eine zu kurze Vertragslaufzeit oder eine frühe Kündigung des Lizenzvertrags kann die Amortisation der Investition infragestellen.

Außerordentliche Kündigung Es besteht ein gesetzliches Recht auf Kündigung für beide Vertragsparteien, falls die Fortführung des Lizenzvertrags unzumutbar ist. Die betroffene Partei kann innerhalb einer angemessenen Frist nach Eintreten der Unzumutbarkeit, beispielsweise ein Monat, eine außerordentliche Kündigung aussprechen.

Im Lizenzvertrag können zusätzliche Sachverhalte aufgelistet werden, die zu einer außerordentlichen Kündigung berechtigen. Beispielsweise kann dem Lizenzgeber erlaubt werden, die Lizenzvereinbarung zu kündigen, falls Mindestumsätze nicht erzielt werden.

Auslaufregelungen Es kann der Fall eintreten, dass die Vertragslaufzeit endet oder die Lizenzvereinbarung gekündigt wurde und noch ein Bestand an Produkten im Besitz des Lizenznehmers ist, die das lizenzierte Design realisieren. Der Lizenzgeber hätte dann einen Herausgabeanspruch. Alternativ könnte er die Vernichtung der im Besitze des vormaligen Lizenznehmers befindlichen Produkte verlangen.

In aller Regel wird jedoch eine Aufbrauchsfrist vereinbart, innerhalb der der ehemalige Lizenznehmer berechtigt ist, diese Produkte anzubieten und zu verkaufen. Alternativ kann vereinbart werden, dass der Lizenzgeber zum Aufkauf der Restbestände des Lizenznehmers berechtigt ist.

Anwendbares Recht Gibt es Auslandsbezüge, beispielsweise hat der Lizenzgeber seinen Sitz im Ausland, sollte das anwendbare Recht vereinbart werden.

Schriftformklausel In den Lizenzvertrag sollte eine Klausel aufgenommen werden, dass mündliche Abreden nur dann Geltung auf das Lizenzvertragsverhältnis entfalten können, falls diese Eingang in den Vertragstext gefunden haben.

Streitentscheidung Es kann vereinbart werden, dass eine Streitentscheidung nicht durch ein ordentliches Gericht, sondern durch ein Schiedsgericht erfolgt. Außerdem kann eine Mediation vor einer Streitentscheidung obligatorisch vorgesehen werden.

Ein Streit ergibt sich oft aus einem gestörten Vertrauensverhältnis zwischen dem Lizenzgeber und seinem Lizenznehmer. Es kann daher sinnvoll sein, ein Wiederherstellen des Vertrauensverhältnisses durch Mediation anzustreben, bevor ein gerichtliches Verfahren eröffnet wird.

Gerichtsstand Typischerweise wird vereinbart, dass für Gerichtsverfahren das Gericht, das für den Sitz des Lizenzgebers zuständig ist, anzurufen ist. Alternativ kann vereinbart werden, dass eine Klage des Lizenznehmers am Gericht, das für den Sitz des Lizenzgebers zuständig ist, zu erheben ist und dass eine Klage des Lizenzgebers am Gericht, das für den Sitz des Lizenznehmers zuständig ist, einzureichen ist. Durch diese Regelung wird eine Hemmschwelle für das Beginnen eines Klageverfahrens aufgebaut, unabhängig davon, ob der Kläger der Lizenzgeber oder der Lizenznehmer ist.

Salvatorische Klausel Durch eine salvatorische Klausel soll verhindert werden, dass ein Lizenzvertrag, der Lücken aufweist oder als teilweise nichtig erklärt wurde, insgesamt hinfällig ist. Eine salvatorische Klausel könnte beispielsweise lauten:

> „Sollten einzelne Regelungen des Lizenzvertrags nichtig oder undurchführbar sein, bleibt die Wirksamkeit der restlichen Regelungen bestehen. Statt der unwirksamen oder undurchführbaren Regelungen treten derartige Regelungen, die den Absichten und den Interessenlagen der Parteien am nächsten kommen. Sollte der Lizenzvertrag Lücken aufweisen, wird analog verfahren."

Amazon und Designrecht

14

Die Amazon Corporation möchte Schutzrechtskriege auf ihrer Plattform vermeiden. Amazon handelt daher sehr „vorsichtig" und sperrt Angebote aufgrund von geltend gemachten Schutzrechten, ohne zuvor eine rechtliche Prüfung durchzuführen. Angesichts der Tatsache, dass Designrechte ungeprüfte Schutzrechte sind, können sich aus der „vorsichtigen" Vorgehensweise von Amazon ungerechtfertigte Konsequenzen ergeben.

14.1 Sperren eines Konkurrenz-Angebots

Das Sperren eines Angebots aufgrund eines Designrechts erfolgt bei Amazon ohne eine Prüfung des Designrechts. Es wurden sogar Angebote für Produkte gesperrt, die bereits vor dem Anmeldetag des Designrechts vertrieben wurden, die also selbst nahelegen, dass das Designrecht nicht neu, und daher nicht rechtsbeständig ist. Amazon analysiert ein vorgelegtes Designrecht in keiner Weise, bevor das angegriffene Angebot gesperrt wird.

14.2 Entsperren eines Angebots

Wurde ein Angebot gesperrt, sollte schnell gehandelt werden, um die Sperrung weiterer Angebote zu verhindern, die schließlich zum Löschen des Amazon-Accounts führen.

Ein Designrecht ist ein ungeprüftes Schutzrecht. Es ist daher selbst zu prüfen, ob das Designrecht rechtsbeständig ist. Ergibt sich bei der Prüfung eine mangelnde Rechtsbeständigkeit des Designrechts, sollte mit dem Beschwerdeführer Kontakt aufgenommen werden. Hierbei ist es von Vorteil, bei dem Designinhaber dadurch „Druck aufzubauen", dass eine Löschung seines Designrechts vorbereitet wird. Die Praxis hat gezeigt, dass es bei einer Sperrung nicht sinnvoll ist, sich an Amazon direkt zu richten.

© Der/die Autor(en), exklusiv lizenziert durch Springer-Verlag GmbH, DE, ein Teil von   95
Springer Nature 2021
T. H. Meitinger, *Ohne Anwalt zum Designrecht*,
https://doi.org/10.1007/978-3-662-64205-4_14

Lenkt der Designinhaber ein, sollte ihm genau mitgeteilt werden, an welche Email-Adresse welcher Text zu senden ist, um die Entsperrung zu veranlassen. Bei Amazon gibt es eine eigene Email-Adresse für Beschwerden, die hierzu zu verwenden ist.

Beispiele aus der Praxis

15

Es werden Beispiele aus der Praxis vorgestellt, um anhand realer Fälle die theoretischen Grundlagen des Designrechts zu erläutern.

Designs können grundsätzlich in sieben Ansichten gezeigt werden, nämlich von vorne, von rechts, von links, von hinten, von oben, von unten und in einer perspektivischen Ansicht, beispielsweise von schräg oben. Eine Nachbearbeitung kann sinnvoll sein, um einzelne Elemente der Ansichten unkenntlich oder nur mit strichlierten Linien zu zeichnen. Hierdurch kann verdeutlicht werden, dass die Merkmale dieser Elemente nicht zum zu schützenden Design gehören.

Alternativ kann mit einem Disclaimer ein Aussondern von Merkmalen des Designs erfolgen. Hierzu wird in der Beschreibung erläutert, was nicht zum Design gehören soll.

Es ist sinnvoll, ein Design in schwarz/weiß einzureichen, da in diesem Fall sämtliche Farbgestaltungen im Schutzumfang mitumfasst sind. Eine Ausnahme können Kontrastfarben darstellen, die zu einem anderen Gesamteindruck führen.[1]

15.1 Spielzeug

Das Design DE 40 2017 000058-0001 wurde für das Erzeugnis „Spielzeug" für die Warenklasse 21-01 (Spiele und Spielzeug) mit zwei Ansichten in das Register des Patentamts aufgenommen (siehe Abb. 15.1).[2]

Die erste Ansicht ist eine Darstellung von vorne. Die wesentlichen Merkmale sind der kürbisfarbene Kopf mit weit aufgerissenem, schwarzen Mund, in dem ein einzelner Zahn

---

[1] BGH, 24.3.2011, I ZR 211/08, Gewerblicher Rechtsschutz und Urheberrecht, 2011, 1112 – Schreibgeräte.

[2] DPMA, https://register.dpma.de/DPMAregister/gsm/register?DNR=402017000058-0001, abgerufen am 29. Juni 2021.

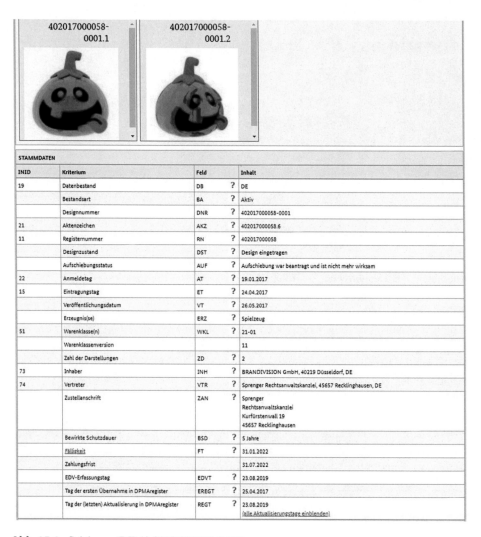

Abb. 15.1 Spielzeug (DE 40 2017 000058-0001)

zu erkennen ist. Die Augen erwecken den Eindruck der Betrunkenheit. Außerdem ist ein Käppi mit einem abgeknickten Stil ein wesentliches Merkmal des Designs. Das Käppi hat die Farbe Grün. Durch die zweite Ansicht erkennt man, dass die Zunge heraushängend ausgebildet ist. Durch die wenigen Merkmale wird ein Gesamteindruck geprägt, der in einen großen Schutzumfang resultiert.

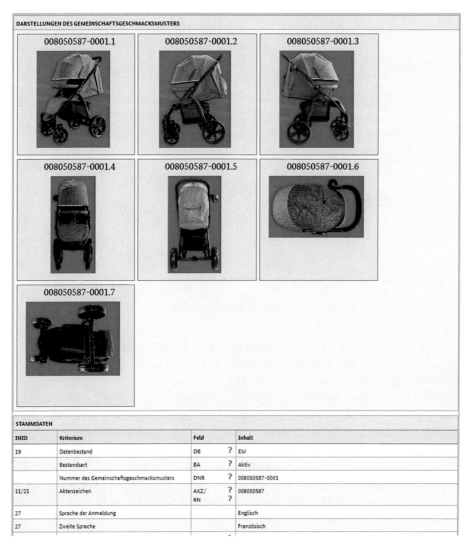

Abb. 15.2 Kinder-Sportwagen (GGM 008050587-0001)

15.2 Kinder-Sportwagen

Das Design GGM 008050587-0001 umfasst sieben Darstellungen (siehe Abb. 15.2 und 15.3).[3] Die Darstellungen sind vor einem roten Hintergrund erstellt. Die siebte Darstellung ist eine Ansicht von unten. Diese Ansicht ist kontraproduktiv, da dadurch Merkmale zum

---

[3] DPMA, https://register.dpma.de/DPMAregister/gsm/registerhabm?DNR=008050587-0001, abgerufen am 30. Juni 2021.

INID	Kriterium	Feld		Inhalt
19	Datenbestand	DB	?	EM
	Bestandsart	BA	?	Aktiv
	Nummer des Gemeinschaftsgeschmacksmusters	DNR	?	008050587-0001
11/21	Aktenzeichen	AKZ/ RN	? ?	008050587
27	Sprache der Anmeldung			Englisch
27	Zweite Sprache			Französisch
	Zustand des Gemeinschaftsgeschmacksmusters	HABMGST	?	Nichtigkeitsverfahren anhängig
	Aufschiebungsstatus	AUF	?	keine Aufschiebung
22	Anmeldetag	AT	?	23.07.2020
15	Eintragungstag	ET	?	23.07.2020
45	Tag der Veröffentlichung der Darstellung	VT	?	11.08.2020
54	Erzeugnis(se)	ERZ	?	Sportwagen
51	Warenklasse(n)	WKL	?	12-12
	Zahl der Darstellungen	ZD	?	7
57	Beschreibung	BE	?	Vorhanden
73	Inhaber	INH	?	ANHUI YAYALE CHILD PRODUCTS CO., LTD., Anhui Province, CN
74	Vertreter	VTR	?	CABINET CHAILLOT, 92703, Colombes Cedex, FR
72	Entwerfer	ENTW	?	Xiong Zongyun
18	Ablaufdatum	VED	?	23.07.2025

Abb. 15.3 Kinder-Sportwagen – Daten (GGM 008050587-0001)

Designrecht hinzugefügt werden, die den Schutzbereich unnötig verkleinern. Diese zusätzlichen Merkmale nützen dem Schutzrechtsinhaber nicht, da sie im üblichen Gebrauch keine Wirkung auf die relevanten Verkehrskreise ausüben können.

Bei diesem Design wäre es ausreichend gewesen, eine Vorderansicht, eine Seitenansicht und eine perspektivische Ansicht (von schräg oben) einzureichen. In diesem Fall hätte man im Wesentlichen die Merkmale, dass der Kindersitz durch einen grauen/schwarzen Witterungsschutz zu mehr als Dreiviertel abgeschlossen ist, dass unterhalb des Kindersitzes ein Aufnahmebereich für zum Beispiel Lebensmittel oder Kinderspielzeug vorhanden ist und dass die Reifen einen sportlichen Eindruck erwecken. Zu dem Design ist ein Nichtigkeitsverfahren vor dem EUIPO anhängig. Offensichtlich wird das Designrecht als störend empfunden.

15.3 Zelte

Das Gemeinschaftsgeschmacksmuster mit der Nummer GGM 002633057-0002 wurde für die Erzeugnisse „Zelte" der Warenklasse 21-04 eingetragen (siehe Abb. 15.4).[4]

Es wurden nur zwei Darstellungen für das Designrecht verwendet. Die Ansichten zeigen die prägenden Merkmale des Designs. Eine Ansicht von vorne oder von hinten würde

---

[4] DPMA, https://register.dpma.de/DPMAregister/gsm/registerhabm?DNR=002633057-0002, abgerufen am 6. Juli 2021.

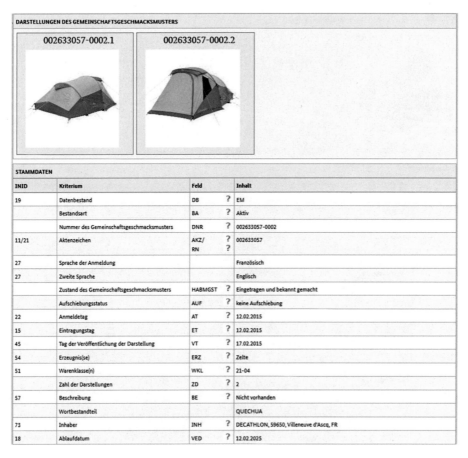

Abb. 15.4 Zelte (GGM 002633057-0002)

den Schutzumfang des Designrechts unnötig verkleinern, da Merkmale hinzugenommen würden, die nicht wesentlich für des Designrecht sind.

Das Gemeinschaftsgeschmacksmuster mit der Nummer 002633057-0015 enthält nur eine Darstellung (siehe Abb. 15.5).[5]

Bei der einzigen Darstellung des Gemeinschaftsgeschmacksmusters mit der Nummer GGM 002633057-0015 ragt eine bogenförmige Linienführung und die Signalfarbe als prägende Merkmale heraus. Durch diese Darstellung werden diese prägenden Merkmale klar beansprucht. Zusätzliche Ansichten würden nur weniger bedeutsame Merkmale zum Design hinzufügen und damit den Schutzumfang unnötig verkleinern.

---

[5] DPMA, https://register.dpma.de/DPMAregister/gsm/registerhabm?DNR=002633057-0015, abgerufen am 6. Juli 2021.

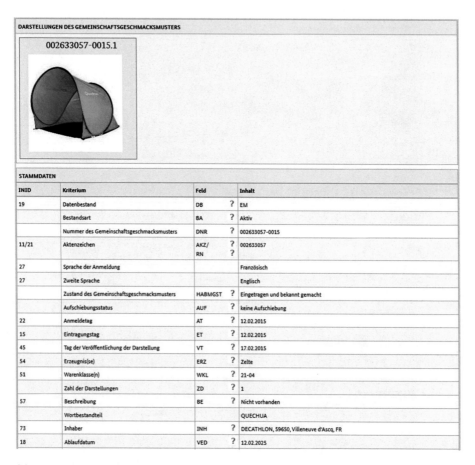

DARSTELLUNGEN DES GEMEINSCHAFTSGESCHMACKSMUSTERS			

002633057-0015.1

STAMMDATEN			
INID	Kriterium	Feld	Inhalt
19	Datenbestand	DB ?	EM
	Bestandsart	BA ?	Aktiv
	Nummer des Gemeinschaftsgeschmacksmusters	DNR ?	002633057-0015
11/21	Aktenzeichen	AKZ/ ? RN ?	002633057
27	Sprache der Anmeldung		Französisch
27	Zweite Sprache		Englisch
	Zustand des Gemeinschaftsgeschmacksmusters	HABMGST ?	Eingetragen und bekannt gemacht
	Aufschiebungsstatus	AUF ?	keine Aufschiebung
22	Anmeldetag	AT ?	12.02.2015
15	Eintragungstag	ET ?	12.02.2015
45	Tag der Veröffentlichung der Darstellung	VT ?	17.02.2015
54	Erzeugnis(se)	ERZ ?	Zelte
51	Warenklasse(n)	WKL ?	21-04
	Zahl der Darstellungen	ZD ?	1
57	Beschreibung	BE ?	Nicht vorhanden
	Wortbestandteil		QUECHUA
73	Inhaber	INH ?	DECATHLON, 59650, Villeneuve d'Ascq, FR
18	Ablaufdatum	VED ?	12.02.2025

Abb. 15.5 Zelte (GGM 002633057-0015)

15.4 Armbänder

Das Design DE 40 2016 202155-0001 wurde für Armbänder mit der Warenklasse 11-01 (Schmuck und Juwelierwaren) mit einer Darstellung eingetragen (siehe Abb. 15.6).[6]

In der Darstellung ist ein Schmuckanker an einem Armband zu sehen, wobei das Armband aus mehreren Bestandteilen besteht, die unterschiedliche Durchmesser und Farbgestaltungen aufweisen. Das Armband ist auf einem markanten Holzuntergrund aufgenommen. Es ist anzunehmen, dass der Holzuntergrund nicht zu dem beanspruchten Design dazugehören soll. In diesem Fall hätte ein neutraler, einfarbiger Hintergrund gewählt werden sollen.

---

[6] DPMA, https://register.dpma.de/DPMAregister/gsm/register?DNR=402016202155-0001, abgerufen am 29. Juni 2021.

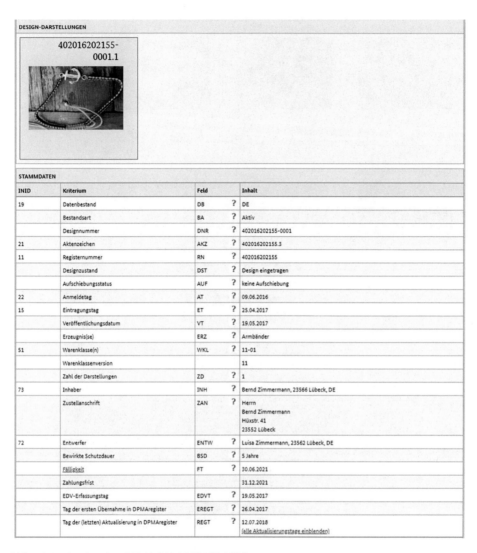

Abb. 15.6 Armbänder (DE 40 2016 202155-0001)

Es wäre sinnvoll gewesen, einen weißen Hintergrund zu wählen und das Armband an einer Seite des Ankers geöffnet, langgestreckt abzubilden und außerdem zusammengesetzt aus der Vogelperspektive dargestellt, um die Struktur der Kordeln erkennen zu können. Es wären daher zumindest zwei Darstellungen empfehlenswert gewesen.

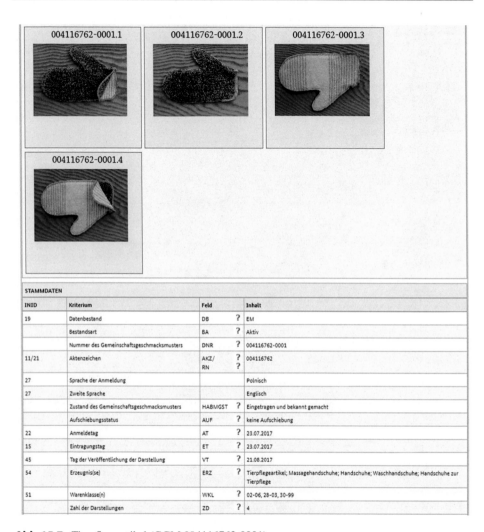

STAMMDATEN				
INID	Kriterium	Feld		Inhalt
19	Datenbestand	DB	?	EM
	Bestandsart	BA	?	Aktiv
	Nummer des Gemeinschaftsgeschmacksmusters	DNR	?	004116762-0001
11/21	Aktenzeichen	AKZ/	?	004116762
		RN	?	
27	Sprache der Anmeldung			Polnisch
27	Zweite Sprache			Englisch
	Zustand des Gemeinschaftsgeschmacksmusters	HABMGST	?	Eingetragen und bekannt gemacht
	Aufschiebungsstatus	AUF	?	keine Aufschiebung
22	Anmeldetag	AT	?	23.07.2017
15	Eintragungstag	ET	?	23.07.2017
45	Tag der Veröffentlichung der Darstellung	VT	?	21.08.2017
54	Erzeugnis(se)	ERZ	?	Tierpflegeartikel; Massagehandschuhe; Handschuhe; Waschhandschuhe; Handschuhe zur Tierpflege
51	Warenklasse(n)	WKL	?	02-06, 28-03, 30-99
	Zahl der Darstellungen	ZD	?	4

Abb. 15.7 Tierpflegeartikel (GGM 004116762-0001)

15.5   Tierpflegeartikel

Das Gemeinschaftsgeschmacksmuster GGM 004116762-0001 schützt das Design eines Handschuhs für die Erzeugnisse „Tierpflegeartikel, Massagehandschuhe, Handschuhe, Waschhandschuhe, Handschuhe zur Tierpflege" für die Warenklassen 02-06, 28-03 und 30-99 (siehe Abb. 15.7).[7]

---

[7] DPMA, https://register.dpma.de/DPMAregister/gsm/registerhabm?DNR=004116762-0001, abgerufen am 29. Juni 2021.

Die Angabe der Erzeugnisse und der Warenklassen haben keinen Einfluss auf den Schutzumfang eines Designs. Das Gegensätzliche gilt für das Markenrecht, bei dem durch die Klassen für Waren und Dienstleistungen und die Begriffe aus den jeweiligen Klassen der Schutzbereich definiert wird. Es ist daher bei Designanmeldungen ausreichend einen oder bis zu fünf Begriffe als Erzeugnisangaben und eine Warenklasse für jeweils ein Design zu nennen.

Für die Darstellungen des Handschuhs wäre es besser gewesen, einen Hintergrund ohne Struktur zu verwenden. Ansonsten besteht die Gefahr, dass ein Verletzer versucht, den Hintergrund als zusätzliches prägendes Merkmal zu interpretieren, um dadurch den Schutzumfang drastisch zu schmälern.

Außerdem ist es fraglich, ob das Design rechtsbeständig ist, da ein Handschuh in beliebiger Farbe, auch marmoriert oder mit Streifen, wahrscheinlich im vorbekannten Formenschatz gefunden werden kann.

15.6 Tischleuchten

Mit dem Design DE 40 2018 100498-0017 wird eine Tischleuchte für die Warenklasse 26-05 beansprucht (siehe Abb. 15.8).[8] Bei diesem Design ist nur eine perspektivische Darstellung enthalten. Es wäre sinnvoll gewesen, eine Vorderansicht, eine Seitenansicht und eine Ansicht von oben hinzuzufügen.

15.7 Wandleuchten

Das Design DE 40 2018 100321-0026 beansprucht eine Wandleuchte für die Warenklasse 26-05 (siehe Abb. 15.9).[9] Die Abb. 15.10 zeigt eine Vergrößerung der designgeschützten Wandleuchte. Es wäre empfehlenswert gewesen, für dieses Design eine Ansicht von oben und eine Seitenansicht hinzuzufügen. In diesem Fäll hätte man die Ansichten gesichert, die im bestimmungsgemäßen Gebrauch der Wandleuchte erkannt werden.

Außerdem hätte man darauf achten sollen, die Befestigungselemente, die als rechtwinklige Nut mit einer Linsenschraube vorne in der Abbildung gesehen werden können, nicht zu zeigen. Hierdurch hätte man sichergestellt, dass die Befestigungselemente nicht als Merkmale des Designs verstanden werden.

---

[8] DPMA, https://register.dpma.de/DPMAregister/gsm/register?DNR=402018100498-0017, abgerufen am 30. Juni 2021.

[9] DPMA, https://register.dpma.de/DPMAregister/gsm/register?DNR=402018100321-0026, abgerufen am 30. Juni 2021.

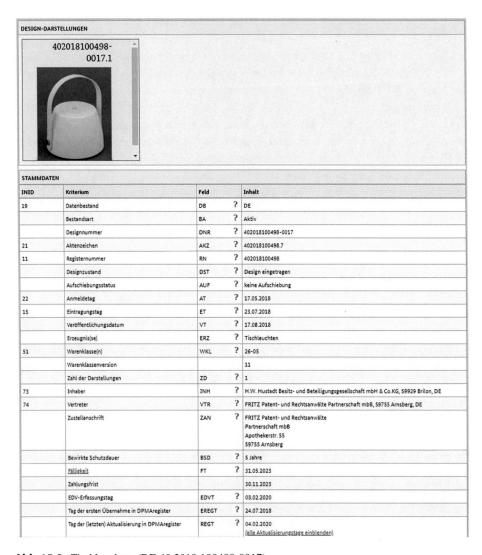

Abb. 15.8 Tischleuchten (DE 40 2018 100498-0017)

15.8 Wandarme für Leuchten

Das Gemeinschaftsgeschmacksmuster GGM 006761623-0004 ist für das Erzeugnis „Wandarme für Leuchten" der Warenklasse 26-05 eingetragen (siehe Abb. 15.11).[10] Es zeigt zwei Ansichten mit Halterungen für Leuchten.

---

[10] DPMA,   https://register.dpma.de/DPMAregister/gsm/registerHABM?DNR=006761623-0004, abgerufen am 29. Juni 2021.

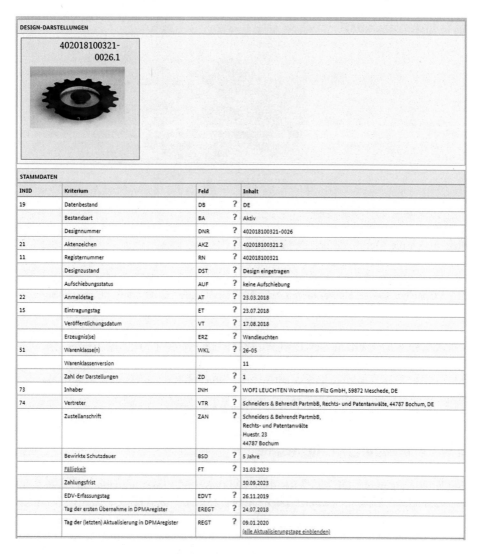

DESIGN-DARSTELLUNGEN

402018100321-
0026.1

STAMMDATEN

INID	Kriterium	Feld		Inhalt
19	Datenbestand	DB	?	DE
	Bestandsart	BA	?	Aktiv
	Designnummer	DNR	?	402018100321-0026
21	Aktenzeichen	AKZ	?	402018100321.2
11	Registernummer	RN	?	402018100321
	Designzustand	DST	?	Design eingetragen
	Aufschiebungsstatus	AUF	?	keine Aufschiebung
22	Anmeldetag	AT	?	23.03.2018
15	Eintragungstag	ET	?	23.07.2018
	Veröffentlichungsdatum	VT	?	17.08.2018
	Erzeugnis(se)	ERZ	?	Wandleuchten
51	Warenklasse(n)	WKL	?	26-05
	Warenklassenversion			11
	Zahl der Darstellungen	ZD	?	1
73	Inhaber	INH	?	WOFI LEUCHTEN Wortmann & Filz GmbH, 59872 Meschede, DE
74	Vertreter	VTR	?	Schneiders & Behrendt PartmbB, Rechts- und Patentanwälte, 44787 Bochum, DE
	Zustellanschrift	ZAN	?	Schneiders & Behrendt PartmbB, Rechts- und Patentanwälte Huestr. 23 44787 Bochum
	Bewirkte Schutzdauer	BSD	?	5 Jahre
	Fälligkeit	FT	?	31.03.2023
	Zahlungsfrist			30.09.2023
	EDV-Erfassungstag	EDVT	?	26.11.2019
	Tag der ersten Übernahme in DPMAregister	EREGT	?	24.07.2018
	Tag der (letzten) Aktualisierung in DPMAregister	REGT	?	09.01.2020 (alle Aktualisierungstage einblenden)

Abb. 15.9 Wandleuchten (DE 40 2018 100321-0026)

Die Abb. 15.12 zeigt die erste Ansicht des Designrechts.[11] Hierbei ist der Wandarm in grauer Farbe zu erkennen und die Leuchte ist mit gestrichelten Linien dargestellt. Durch eine gestrichelte Darstellung soll signalisiert werden, dass dieser Teil kein Merkmal des zu schützenden Designs darstellt. Es ist daher belanglos, welche Form die Leuchte hat.

---

[11] DPMA, https://register.dpma.de/DPMAregister/gsm/fullImageHABM?DNR=006761623-0004& DSNR=006761623-0004.1, abgerufen am 29. Juni 2021.

Abb. 15.10 Wandleuchten
(DE 40 2018 100321-0026)

Es kommt ausschließlich auf die in grau dargestellten Bestandteile an. Nur aus diesen ergeben sich die Merkmale des Designs.

▶ **Tipp** Werden Elemente einer Ansicht nur angedeutet, insbesondere durch das Darstellen dieser Elemente mit gestrichelten Linien, so können hierdurch die Merkmale dieser Elemente aus dem Designschutz ausgeschlossen werden.

In der zweiten Darstellung des Designs GGM 006761623-0004.2 ist wieder der Wandarm in grau gezeichnet und die Leuchte mit gestrichelten Linien dargestellt (siehe Abb. 15.13).[12] Es ist daher erkennbar, dass die Merkmale der Leuchte nicht zum Designrecht gehören sollen.

15.9   Befestigungen für Regale

Mit dem Designrecht DE 40 2018 100470-0006 sind Befestigungen für Regale für die Warenklasse 08-08 geschützt (siehe Abb. 15.14).[13] Hierbei ist als Beschreibung ein Disclaimer aufgenommen: „Der mit der gestrichelten Linie umrandete Bereich betrifft nicht beanspruchte Teile des Designs". Durch diesen Disclaimer wird daher eine spiegelbildliche Wiederholung einzelner Teile aus dem Designschutz ausgeschlossen.

In einem weiteren Design DE 40 2018 100470-0010 wird dasselbe Design ohne Disclaimer geschützt, also mit der spiegelbildlichen Doppelung (siehe Abb. 15.15).[14] Außerdem ist in einer zweiten Darstellung eine perspektivische Ansicht des Designs

---

[12] DPMA, https://register.dpma.de/DPMAregister/gsm/fullImageHABM?DNR=006761623-0004& DSNR=006761623-0004.2, abgerufen am 29. Juni 2021.

[13] DPMA, https://register.dpma.de/DPMAregister/gsm/register?DNR=402018100470-0006, abgerufen am 30. Juni 2021.

[14] DPMA, https://register.dpma.de/DPMAregister/gsm/register?DNR=402018100470-0010, abgerufen am 6. Juli 2021.

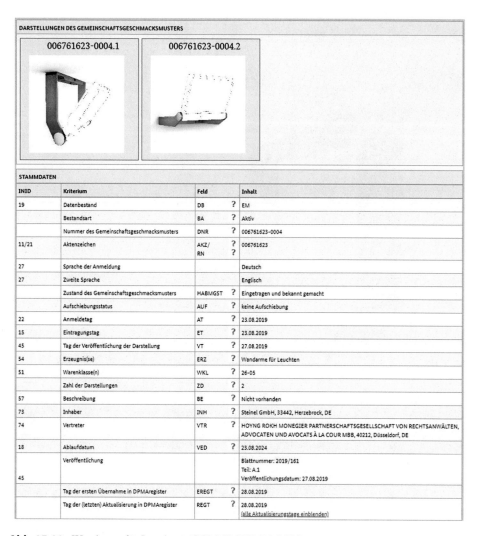

Abb. 15.11 Wandarme für Leuchten (GGM 006761623-0004)

gezeigt. In der perspektivischen Ansicht werden zwei Befestigungen für Regale hintereinander angeordnet. Es wäre eventuell sinnvoll gewesen, nur eine Befestigung für Regale darzustellen und die zweite aus der Abbildung zu entfernen.

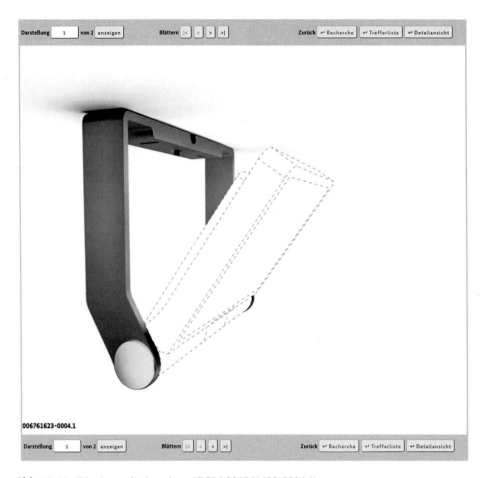

Abb. 15.12 Wandarme für Leuchten (GGM 006761623-0004.1)

15.10 Kommoden

Das deutsche Design DE 40 2017 000499-0023 ist für die Erzeugnisse „Kommoden und Sideboards" der Warenklasse 06-04 eingetragen (siehe Abb. 15.16).[15]

Das eingetragene Design zeichnet sich im Wesentlichen durch drei Merkmale aus, nämlich das fragil wirkende Fußgestell, der kompakt wirkende Aufbewahrungsteil und die besondere Farbgestaltung. Diese drei Merkmale kommen durch die zwei Darstellungen klar zur Geltung. Zusätzliche Darstellungen sind daher überflüssig.

---

[15] DPMA, https://register.dpma.de/DPMAregister/gsm/register?DNR=402017000499-0023, abgerufen am 6. Juli 2021.

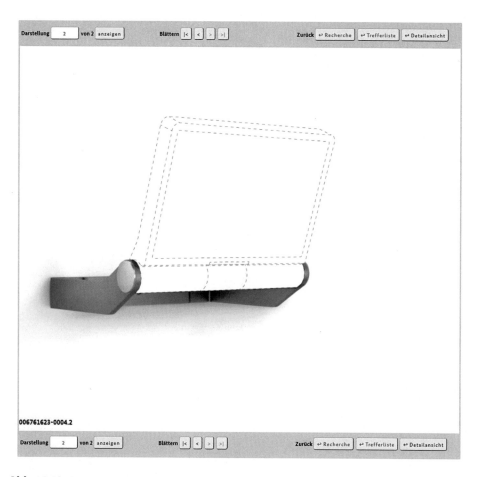

Abb. 15.13 Wandarme für Leuchten (GGM 006761623-0004.2)

Außerdem wurde das Design DE 40 2017 000499-0005 eingetragen (siehe Abb. 15.17).[16]

Bei diesem Design sind die nach außen gespreizten Füße ein prägendes Merkmal, wobei zwischen den Füßen und dem Aufbewahrungsteil eine Leiste in der Farbe der Füße angeordnet ist. Außerdem stellt das kompakte Aussehen des Aufbewahrungsteils, das in weiss gehalten ist, ein wesentliches Merkmal dar. Schließlich weist die Kommode bzw. das Sideboard eine Abdeckplatte in derselben Farbe wie die Füße und die Leiste auf. Die Farbe der Füße, der Leiste und der Abdeckplatte ist braun bzw. holzfarben.

---

[16] DPMA, https://register.dpma.de/DPMAregister/gsm/register?DNR=402017000499-0005, abgerufen am 6. Juli 2021.

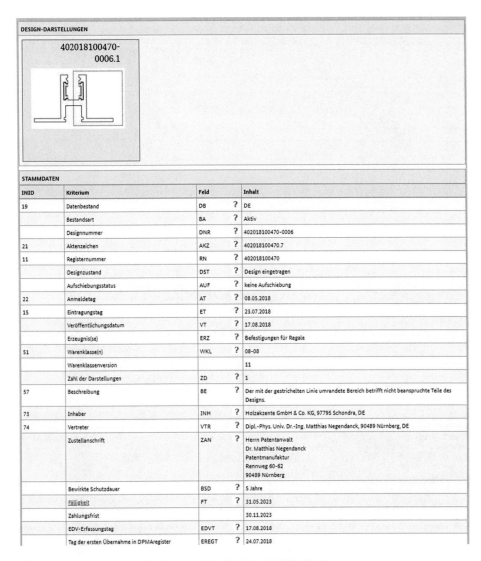

Abb. 15.14 Befestigungen für Regale (DE 40 2018 100470-0006)

15.11 Sicherheitsventile

Das Gemeinschaftsgeschmacksmuster mit der Nummer GGM 002632224-0001 wurde für die Erzeugnisse „Sicherheitsventile" der Warenklasse 23-01 eingetragen (siehe Abb. 15.18 und 15.19).[17]

---

[17] DPMA,   https://register.dpma.de/DPMAregister/gsm/registerhabm?DNR=002632224-0001, abgerufen am 6. Juli 2021.

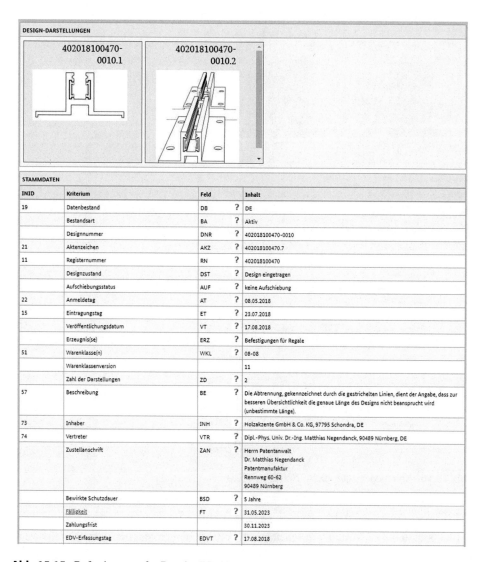

DESIGN-DARSTELLUNGEN

402018100470-0010.1

402018100470-0010.2

STAMMDATEN

INID	Kriterium	Feld		Inhalt
19	Datenbestand	DB	?	DE
	Bestandsart	BA	?	Aktiv
	Designnummer	DNR	?	402018100470-0010
21	Aktenzeichen	AKZ	?	402018100470.7
11	Registernummer	RN	?	402018100470
	Designzustand	DST	?	Design eingetragen
	Aufschiebungsstatus	AUF	?	keine Aufschiebung
22	Anmeldetag	AT	?	08.05.2018
15	Eintragungstag	ET	?	23.07.2018
	Veröffentlichungsdatum	VT	?	17.08.2018
	Erzeugnis(se)	ERZ	?	Befestigungen für Regale
51	Warenklasse(n)	WKL	?	08-08
	Warenklassenversion			11
	Zahl der Darstellungen	ZD	?	2
57	Beschreibung	BE	?	Die Abtrennung, gekennzeichnet durch die gestrichelten Linien, dient der Angabe, dass zur besseren Übersichtlichkeit die genaue Länge des Designs nicht beansprucht wird (unbestimmte Länge).
73	Inhaber	INH	?	Holzakzente GmbH & Co. KG, 97795 Schondra, DE
74	Vertreter	VTR	?	Dipl.-Phys. Univ. Dr.-Ing. Matthias Negendanck, 90489 Nürnberg, DE
	Zustellanschrift	ZAN	?	Herrn Patentanwalt Dr. Matthias Negendanck Patentmanufaktur Rennweg 60-62 90489 Nürnberg
	Bewirkte Schutzdauer	BSD	?	5 Jahre
	Fälligkeit	FT	?	31.05.2023
	Zahlungsfrist			30.11.2023
	EDV-Erfassungstag	EDVT	?	17.08.2018

Abb. 15.15 Befestigungen für Regale (DE 40 2018 100470-0010)

Das geschützte Sicherheitsventil zeichnet sich dadurch aus, dass es nur wenige Merkmale aufweist. Es ist daher sinnvoll, das Designrecht mit allen Ansichten (von vorne, von hinten, von rechts, von links, von oben und von unten) darzustellen. Hierdurch wird eher ein gleicher Gesamteindruck mit einem ähnlichen Design im Vergleich zu schematischen Darstellungen erzeugt.

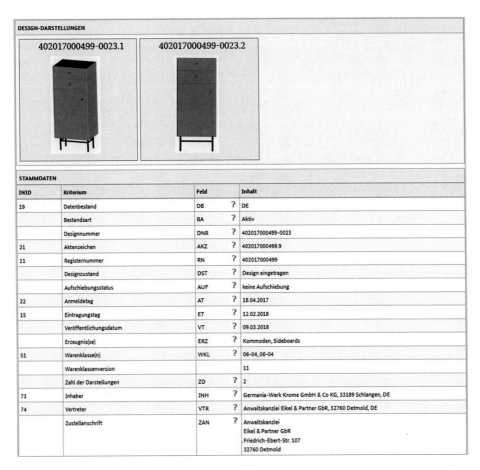

Abb. 15.16 Kommoden (DE 40 2017 000499-0023)

Schematische Darstellungen wären nicht vorteilhaft, da sämtliche Details gezeichnet werden müssten. Der Vorteil von schematischen Zeichnungen, dass einzelne Details weggelassen werden können, könnte hier nicht sinnvollerweise genutzt werden, da das Design nur wenige Merkmale aufweist, die zudem alle gleichrangig bedeutsam sind.

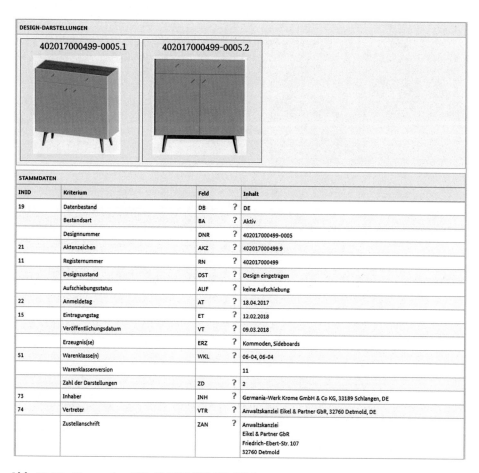

Abb. 15.17 Kommoden (DE 40 2017 000499-0005)

15.12 Kreissägen

Das Gemeinschaftsgeschmacksmuster mit der Nummer GGM 002632729-0001 wurde für die Erzeugnisse „Kreissägen" der Warenklasse 15-09 eingetragen (siehe Abb. 15.20 und 15.21).[18]

Durch dieses Designrecht soll insbesondere eine Nachahmung des Produkts verhindert werden. Es sind daher keine schematischen Zeichnungen mit wegretuschierten Details eingereicht worden. Das Ziel ist, Designs von Wettbewerbern, die denselben Gesamteindruck erwecken, zu bekämpfen. Um denselben Gesamteindruck zu erwecken, muss ein

---

[18] DPMA, https://register.dpma.de/DPMAregister/gsm/registerhabm?DNR=002632729-0001, abgerufen am 6. Juli 2021.

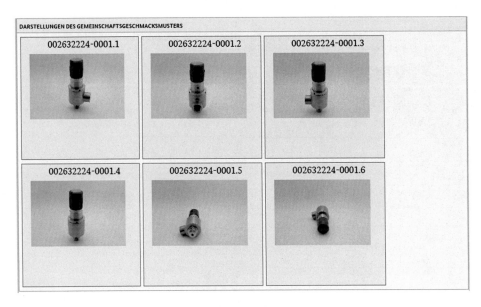

Abb. 15.18 Sicherheitsventile (GGM 002632224-0001)

STAMMDATEN			
INID	Kriterium	Feld	Inhalt
19	Datenbestand	DB ?	EM
	Bestandsart	BA ?	Aktiv
	Nummer des Gemeinschaftsgeschmacksmusters	DNR ?	002632224-0001
11/21	Aktenzeichen	AKZ/ ? RN ?	002632224
27	Sprache der Anmeldung		Deutsch
27	Zweite Sprache		Englisch
	Zustand des Gemeinschaftsgeschmacksmusters	HABMGST ?	Eingetragen und bekannt gemacht
	Aufschiebungsstatus	AUF ?	keine Aufschiebung
22	Anmeldetag	AT ?	12.02.2015
15	Eintragungstag	ET ?	12.02.2015
45	Tag der Veröffentlichung der Darstellung	VT ?	20.02.2015
54	Erzeugnis(se)	ERZ ?	Sicherheitsventile
51	Warenklasse(n)	WKL ?	23-01

Abb. 15.19 Sicherheitsventile – Daten (GGM 002632224-0001)

rechtsverletzendes Design sehr viele Details realisieren, da das Design aus einer großen Anzahl an Merkmalen besteht, die als gleichbedeutend angesehen werden können.

Es ist daher sinnvoll, dass sämtliche sechs üblichen Ansichten des Designs berücksichtigt wurden. Zudem wurde eine perspektivische Ansicht eingetragen.

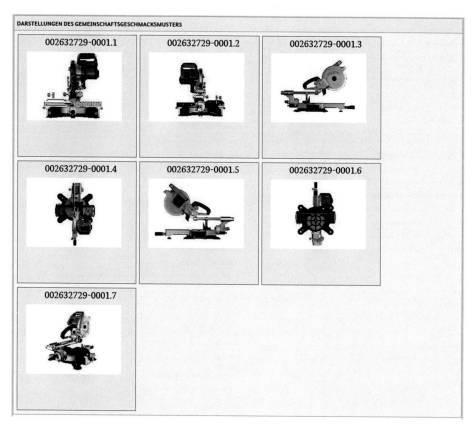

Abb. 15.20 Kreissägen (GGM 002632729-0001)

15.13 Kraftfahrzeuge

Das Gemeinschaftsgeschmacksmuster mit der Nummer GGM 002632703-0001 wurde für Kraftfahrzeuge der Warenklasse 12-08 eingetragen (siehe Abb. 15.22 und 15.23).[19]

Bei diesem Designrecht wurden schematische Darstellungen verwendet. Details eines Autos, die nicht zu den Merkmalen des Designs gerechnet werden sollen, wurden entfernt. Beispielsweise wurden keine Felgen abgebildet. Besondere Felgen sollen daher nicht bei einem Einzelvergleich mit einem Design eines Dritten berücksichtigt werden. Die Autokennzeichen wurden ebenfalls sinnvollerweise weggelassen.

---

[19] DPMA, https://register.dpma.de/DPMAregister/gsm/registerhabm?DNR=002632703-0001, abgerufen am 6. Juli 2021.

STAMMDATEN				
INID	Kriterium	Feld		Inhalt
19	Datenbestand	DB	?	EM
	Bestandsart	BA	?	Aktiv
	Nummer des Gemeinschaftsgeschmacksmusters	DNR	?	002632729-0001
11/21	Aktenzeichen	AKZ/	?	002632729
		RN	?	
27	Sprache der Anmeldung			Deutsch
27	Zweite Sprache			Englisch
	Zustand des Gemeinschaftsgeschmacksmusters	HABMGST	?	Eingetragen und bekannt gemacht
	Aufschiebungsstatus	AUF	?	keine Aufschiebung
22	Anmeldetag	AT	?	12.02.2015
15	Eintragungstag	ET	?	12.02.2015
45	Tag der Veröffentlichung der Darstellung	VT	?	16.02.2015
54	Erzeugnis(se)	ERZ	?	Kreissägen
51	Warenklasse(n)	WKL	?	15-09
	Zahl der Darstellungen	ZD	?	7
57	Beschreibung	BE	?	Nicht vorhanden
73	Inhaber	INH	?	Metabowerke GmbH, 72622, Nürtingen, DE
74	Vertreter	VTR	?	LORENZ & KOLLEGEN PATENTANWÄLTE PARTNERSCHAFTSGESELLSCHAFT MBB, 89522, Heidenheim, DE
72	Entwerfer	ENTW	?	Frauke KIELBLOCK; Wang LEI
18	Ablaufdatum	VED	?	12.02.2025
45	Veröffentlichung			Blattnummer: 2015/031 Teil: A.1 Veröffentlichungsdatum: 16.02.2015
45	Veröffentlichung			Blattnummer: 2015/054 Teil: B.10.2 Veröffentlichungsdatum: 20.03.2015
45	Veröffentlichung			Blattnummer: 2020/036 Teil: C.1 Veröffentlichungsdatum: 24.02.2020
	Tag der ersten Übernahme in DPMAregister	EREGT	?	22.01.2018
	Tag der (letzten) Aktualisierung in DPMAregister	REGT	?	25.02.2020 (alle Aktualisierungstage einblenden)

Abb. 15.21 Kreissägen – Daten (GGM 002632729-0001)

15.14 Räder für Fahrzeuge

Das Gemeinschaftsgeschmacksmuster mit der Nummer GGM 004705465-0001 für die Erzeugnisse „Räder für Fahrzeuge" der Warenklasse 12-16 weist sechs Darstellungen auf (siehe Abb. 15.24 und 15.25).[20]

In dem Designrecht wird ein Rad für ein Auto, ohne Autoreifen mit der Felge und den Speichen, gezeigt.[21] Es handelt sich um schematische Darstellungen, wobei sämtliche Ansichten (von vorne, von hinten, von links, von rechts, von oben und von unten)

---

[20] DPMA,   https://register.dpma.de/DPMAregister/gsm/registerhabm?DNR=004705465-0001, abgerufen am 6. Juli 2021.

[21] Im üblichen Sprachgebrauch werden die Speichen zu der Felge dazugerechnet. Aus technischer Sicht handelt es sich jedoch um zwei getrennt zu betrachtende Gegenstände.

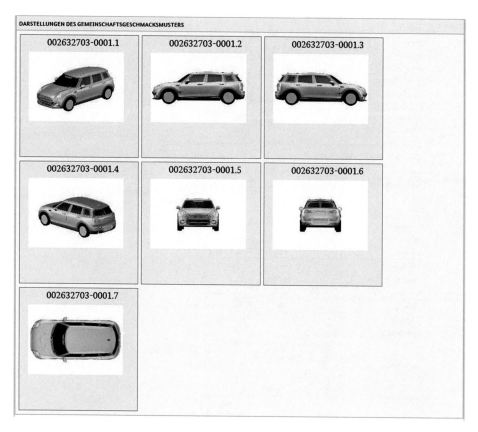

DARSTELLUNGEN DES GEMEINSCHAFTSGESCHMACKSMUSTERS

002632703-0001.1

002632703-0001.2

002632703-0001.3

002632703-0001.4

002632703-0001.5

002632703-0001.6

002632703-0001.7

Abb. 15.22 Kraftfahrzeuge (GGM 002632703-0001)

gezeigt werden. Die Ansichten von oben und von unten bzw. von rechts und von links sind bauteilbedingt identisch. Die Vorderansicht wird aus verschiedenen Neigungswinkeln dargestellt, um typische Perspektiven zu präsentieren.

15.15 Motorräder

Das Gemeinschaftsgeschmacksmuster mit der Nummer GGM 004706034-0001 ist für die Erzeugnisse „Motorräder" der Warenklasse 12-11 eingetragen (siehe Abb. 15.26 und 15.27).[22]

Das Design zeigt ein Motorrad in den üblichen Ansichten (von vorne, von hinten, von rechts, von links, von oben und von unten) und eine perspektivische Darstellung

---

[22] DPMA, https://register.dpma.de/DPMAregister/gsm/registerhabm?DNR=004706034-0001, abgerufen am 6. Juli 2021.

STAMMDATEN				
INID	Kriterium	Feld		Inhalt
19	Datenbestand	DB	?	EM
	Bestandsart	BA	?	Aktiv
	Nummer des Gemeinschaftsgeschmacksmusters	DNR	?	002632703-0001
11/21	Aktenzeichen	AKZ/	?	002632703
		RN	?	
27	Sprache der Anmeldung			Deutsch
27	Zweite Sprache			Englisch
	Zustand des Gemeinschaftsgeschmacksmusters	HABMGST	?	Eingetragen und bekannt gemacht
	Aufschiebungsstatus	AUF	?	Aufschiebung war beantragt und ist nicht mehr wirksam
22	Anmeldetag	AT	?	12.02.2015
32	Auslandspriorität	PRD	?	Prioritätsdatum: 21.08.2014
33		PRC	?	Staat: DE
31		PRN	?	Aktenzeichen der ausländischen Anmeldung: 402014100781.0
				Verfahrensstand: Beansprucht
15	Eintragungstag	ET	?	12.02.2015
45	Tag der Veröffentlichung der Darstellung	VT	?	23.11.2015
54	Erzeugnis(se)	ERZ	?	Kraftfahrzeuge
51	Warenklasse(n)	WKL	?	12-08
	Zahl der Darstellungen	ZD	?	7
57	Beschreibung	BE	?	Nicht vorhanden
73	Inhaber	INH	?	Bayerische Motoren Werke Aktiengesellschaft, 80809, München, DE
18	Ablaufdatum	VED	?	12.02.2025
45	Veröffentlichung			Blattnummer: 2015/059 Teil: A.2 Veröffentlichungsdatum: 27.03.2015
45	Veröffentlichung			Blattnummer: 2015/222 Teil: A.1 Veröffentlichungsdatum: 23.11.2015
45	Veröffentlichung			Blattnummer: 2017/176 Teil: B.9.2 Veröffentlichungsdatum: 15.09.2017
45	Veröffentlichung			Blattnummer: 2019/234 Teil: C.1 Veröffentlichungsdatum: 10.12.2019

Abb. 15.23 Kraftfahrzeuge – Daten (GGM 002632703-0001)

(von schräg oben). Die Darstellungen umfassen sehr viele Merkmale, die von etwa gleicher Bedeutung bei der Prägung des Gesamteindrucks des Designs sind. Bei dem Designrecht geht es darum, Nachahmungen zu verhindern und nicht darum, einzelne besondere Merkmale eines Erzeugnisses Motorrad zu schützen.

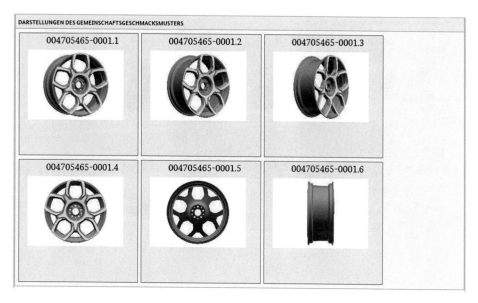

Abb. 15.24   Räder (GGM 004705465-0001)

STAMMDATEN				
INID	Kriterium	Feld		Inhalt
19	Datenbestand	DB	?	EM
	Bestandsart	BA	?	Aktiv
	Nummer des Gemeinschaftsgeschmacksmusters	DNR	?	004705465-0001
11/21	Aktenzeichen	AKZ/	?	004705465
		RN	?	
27	Sprache der Anmeldung			Deutsch
27	Zweite Sprache			Englisch
	Zustand des Gemeinschaftsgeschmacksmusters	HABMGST	?	Eingetragen und bekannt gemacht
	Aufschiebungsstatus	AUF	?	Aufschiebung war beantragt und ist nicht mehr wirksam
22	Anmeldetag	AT	?	12.02.2018
32	Auslandspriorität	PRD	?	Prioritätsdatum: 17.08.2017
33		PRC	?	Staat: DE
31		PRN	?	Aktenzeichen der ausländischen Anmeldung: DE 40 2017 100 915.3
				Verfahrensstand: Beansprucht
15	Eintragungstag	ET	?	12.02.2018
45	Tag der Veröffentlichung der Darstellung	VT	?	20.02.2020
54	Erzeugnis(se)	ERZ	?	Räder für Fahrzeuge
51	Warenklasse(n)	WKL	?	12-16
	Zahl der Darstellungen	ZD	?	6
57	Beschreibung	BE	?	Nicht vorhanden
73	Inhaber	INH	?	Bayerische Motoren Werke Aktiengesellschaft, 80809, München, DE

Abb. 15.25   Räder – Daten (GGM 004705465-0001)

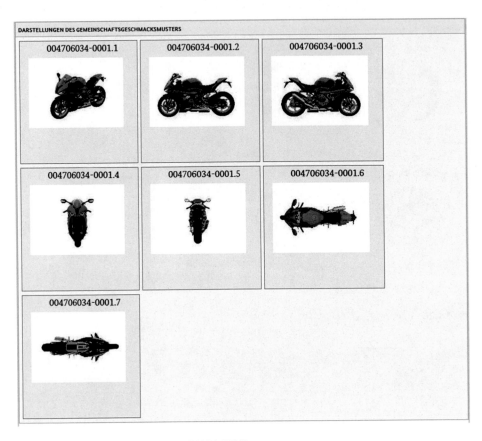

Abb. 15.26 Motorräder (GGM 004706034-0001)

STAMMDATEN				
INID	**Kriterium**	**Feld**		**Inhalt**
19	Datenbestand	DB	?	EM
	Bestandsart	BA	?	Aktiv
	Nummer des Gemeinschaftsgeschmacksmusters	DNR	?	004706034-0001
11/21	Aktenzeichen	AKZ/	?	004706034
		RN	?	
27	Sprache der Anmeldung			Deutsch
27	Zweite Sprache			Englisch
	Zustand des Gemeinschaftsgeschmacksmusters	HABMGST	?	Eingetragen und bekannt gemacht
	Aufschiebungsstatus	AUF	?	Aufschiebung war beantragt und ist nicht mehr wirksam
22	Anmeldetag	AT	?	12.02.2018
32	Auslandspriorität	PRD	?	Prioritätsdatum: 23.08.2017
33		PRC	?	Staat: DE
31		PRN	?	Aktenzeichen der ausländischen Anmeldung: DE 40 2017 100 938.2
				Verfahrensstand: Beansprucht
15	Eintragungstag	ET	?	12.02.2018
45	Tag der Veröffentlichung der Darstellung	VT	?	26.02.2020
54	Erzeugnis(se)	ERZ	?	Motorräder
51	Warenklasse(n)	WKL	?	12-11
	Zahl der Darstellungen	ZD	?	7
57	Beschreibung	BE	?	Nicht vorhanden
73	Inhaber	INH	?	Bayerische Motoren Werke Aktiengesellschaft, 80809, München, DE
18	Ablaufdatum	VED	?	12.02.2023
45	Veröffentlichung			Blattnummer: 2018/061
				Teil: A.2
				Veröffentlichungsdatum: 28.03.2018
45	Veröffentlichung			Blattnummer: 2020/038
				Teil: A.1
				Veröffentlichungsdatum: 26.02.2020
	Tag der ersten Übernahme in DPMAregister	EREGT	?	03.04.2018
	Tag der (letzten) Aktualisierung in DPMAregister	REGT	?	03.06.2021
				(alle Aktualisierungstage einblenden)

Abb. 15.27 Motorräder – Daten (GGM 004706034-0001)

Fragen und Antworten 16

Es werden Fragen beantwortet, die in der Praxis häufig gestellt werden. Das Studium der Antworten zu diesen Fragen gibt eine Orientierung zum Designrecht.

Was ist ein Design? Ein Design ist die zwei- oder dreidimensionale Erscheinungsform eines Erzeugnisses. Ein Design ergibt sich aus den Linien, den Konturen, den Farben und der Oberflächenstruktur.

Was ist ein Erzeugnis? Ein Erzeugnis ist der „Träger" eines Designs. Durch ein Erzeugnis ist das Design realisiert. Ein Design kann durch unterschiedliche Erzeugnisarten realisiert werden. Ein Designschutz gilt daher für alle Warenklassen.

Ein Erzeugnis ist ein industrielles oder handwerkliches Produkt. Ein Erzeugnis kann ein Teil eines komplexen Gegenstands sein.

Macht ein Designschutz Sinn? Ein Designschutz ist ein Schutz einer Investition. Wurde ein großer Aufwand darauf verwendet, das Design zu entwickeln, und soll sich nun die Investition bezahlt machen, sollte das Design bei einem Patentamt angemeldet werden. Andernfalls besteht kein rechtlicher Schutz vor Produktpiraterie.

Was sind die Voraussetzungen eines rechtsbeständigen Designrechts? Ein eingetragenes Design muss neu sein. Neuheit liegt vor, falls es vor dem Anmelde- oder Prioritätstag des Designrechts kein identisches Design gegeben hat. Unwesentliche Unterschiede können nicht zur Abrede der Identität zweier zu vergleichender Designs führen.

Neben der Neuheit muss ein eingetragenes Design Eigenart aufweisen. Eigenart liegt vor, falls das Design einen Gesamteindruck erweckt, der unterschiedlich zu dem Gesamteindruck jedes anderen Designs ist, das vor dem Anmelde- oder Prioritätstag bekannt war.

T. H. Meitinger, *Ohne Anwalt zum Designrecht*,
https://doi.org/10.1007/978-3-662-64205-4_16

Bei der Beurteilung des Gesamteindrucks ist die Gestaltungsfreiheit zu berücksichtigen. Gab es in dem betreffenden Gebiet bereits eine große Vielzahl an ähnlichen Designs, so genügen wenige unterschiedliche Merkmale, um einen unterschiedlichen Gesamteindruck zu manifestieren. Andererseits sind erhebliche Unterschiede zum Erwecken eines anderen Gesamteindrucks erforderlich, falls es in dem betreffenden Designgebiet zum Zeitpunkt des Entwurfs des Designs nur wenige bekannte Designs gab.

Weist ein Design Eigenart auf, so erfüllt es auch das Neuheitskriterium. Die Prüfung auf Neuheit eines Designs ist daher von untergeordneter Bedeutung. Es genügt eine Bewertung auf Eigenart, um einem Design die sachlichen Voraussetzungen der Rechtsbeständigkeit zubilligen zu können.

Was ist der Gesamteindruck eines Designs? Der Gesamteindruck ergibt sich als das ästhetische Empfinden des informierten Benutzers, das durch das Design erzeugt wird.

Was ist die Gestaltungsfreiheit? Die Gestaltungsfreiheit ergibt sich aus der Musterdichte. Gibt es im vorbekannten Formenschatz bereits eine hohe Anzahl an Designs, hat der Entwerfer nur eine kleine Gestaltungsfreiheit, um ein neues Design mit Eigenart zu schaffen. Ist dagegen die Musterdichte gering, eröffnet sich dem Entwerfer eine große Gestaltungsfreiheit.

Was ist der vorbekannte Formenschatz? Der vorbekannte Formenschatz umfasst alle Designs, die vor dem Anmelde- oder Prioritätstag eines zu bewertenden Designs vorlagen.

Das Design ist schon veröffentlicht, was nun? Dem Entwerfer und seinem Rechtsnachfolger wird eine Neuheitsschonfrist von 12 Monaten gewährt. Innerhalb von 12 Monaten vor dem Anmeldetag eines Designs werden Veröffentlichungen des Entwerfers oder seines Rechtsnachfolgers bei der Bewertung der Neuheit und der Eigenart unberücksichtigt gelassen.

Was ist die Neuheitsschonfrist? Die Neuheitsschonfrist bei einem Design beträgt 12 Monate. Veröffentlichungen des Designs durch den Entwerfer oder seinen Rechtsnachfolger werden innerhalb eines Zeitraums von 12 Monaten vor dem Anmeldetag eines Designs nicht bei der Bewertung der Neuheit und der Eigenart berücksichtigt.

Wann sollte ein Design angemeldet werden? Das Design sollte zeitnah, direkt nachdem es fertig entworfen ist, beim Patentamt eingereicht werden. Hierdurch wird sichergestellt, dass der relevante vorbekannte Formenschatz die kleinstmögliche Anzahl an Designs umfasst. Durch einen frühen Anmeldetag verhindert man daher so gut wie möglich, dass ein Dritter ein Design mit demselben Gesamteindruck früher einreicht und damit den Rechtsbestand des eigenen Designs gefährdet.

Wo kann ein Design angemeldet werden? Ein Design kann beispielsweise beim deutschen Patentamt oder dem EUIPO angemeldet werden. Außerdem ist eine internationale Hinterlegung bei der WIPO möglich.

Wie ist ein Design darzustellen? Zu einer Anmeldung können maximal zehn fotografische oder schematische Darstellungen eingereicht werden. Eine Darstellung entspricht einer Ansicht des Designs. Durch die Darstellungen müssen alle Merkmale, für die Schutz angestrebt wird, erkennbar sein.

Grundsätzlich können sämtliche Blickwinkel verwendet werden, nämlich von vorne, von hinten, von rechts, von links, von oben, von unten und eine perspektivische Ansicht, beispielsweise von schräg seitlich oben. Allerdings ist zu beachten, dass jede Ansicht Merkmale zu der Bewertung des Gesamteindrucks beisteuern kann. Je mehr Merkmale den Gesamteindruck erzeugen, umso kleiner ist der Schutzumfang. Durch die Darstellung sämtlicher Ansichten wird daher üblicherweise ein Imitationsschutz erreicht.

Merkmale, die nicht zum Gesamteindruck beitragen sollen, können bei schematischen Darstellungen bzw. Zeichnungen entfernt oder deren Konturen gestrichelt werden. Hierdurch wird signalisiert, dass diese Merkmale nicht zum Designschutz gerechnet werden sollen.

Die Wiedergabe des Designs sollte vor einem neutralen Hintergrund erfolgen, z. B. weiß oder grau.

Was ist eine Sammelanmeldung? Gestaltungsvarianten, also Designs, die ähnlich aber nicht identisch sind, können nicht durch eine einzige Designanmeldung geschützt werden. In diesem Fall bietet sich eine Sammelanmeldung an, mit der bis zu 100 unterschiedliche Designs geschlossen eingereicht werden können. Vorteilhafterweise wird für eine Sammelanmeldung nur eine Anmeldegebühr fällig.

Wie sind die Darstellungen einzureichen? Die Darstellungen eines Designs können auf Formulare des Patentamts aufgeklebt oder in diese eingezeichnet werden. Außerdem können die Darstellungen als JPEG-Dateien (*.jpg) auf CDs oder DVDs übermittelt werden.

Bei einer Online-Anmeldung des Designs können die Darstellungen als JPEG-Dateien (*.jpg) hochgeladen werden.

Was ist eine Beschreibung? Eine Beschreibung kann insbesondere dazu genutzt werden, aus den Darstellungen einzelne Merkmale auszuschließen. Allerdings sollte dies auch in der jeweiligen Darstellung selbst kenntlich gemacht werden, beispielsweise durch ein gestricheltes Rechteck, das die zu vernachlässigenden Merkmale umfasst, oder durch das Stricheln der Merkmale selbst, die nicht zum Gesamteindruck beitragen sollen.

Kann statt einer Darstellung das Original-Design eingereicht werden? Das ist mittlerweile ausgeschlossen. Es können nur noch Abbildungen eines Designs zu einer Anmeldung eingereicht werden.

Wie prüft das Patentamt die Designanmeldung vor der Eintragung? Das Patentamt prüft nur formale Voraussetzungen vor der Eintragung in das Register. Das Patentamt prüft insbesondere nicht, ob das angemeldete Design neu ist und Eigenart aufweist. Eine sachliche Prüfung auf Rechtsbeständigkeit findet nicht statt. Ein Designrecht ist daher ein ungeprüftes Schutzrecht.

Was ist die Aufschiebung der Bekanntmachung der Wiedergabe? Der Anmelder kann eine Aufschiebung der Bekanntmachung der Wiedergabe seines Designs beantragen. In diesem Fall werden zunächst nur die bibliographischen Daten der Anmeldung veröffentlicht. Die Darstellungen des Designs werden die ersten 30 Monate der Schutzdauer geheim gehalten. Eine Aufschiebung der Bekanntmachung ist beispielsweise in der Mode- oder der Automobilbranche wichtig, um den medialen Erfolg einer ersten Vorstellung der Produkte auf einer Messe nicht zu gefährden.

Der Nachteil einer Aufschiebung der Bekanntmachung ist, dass in dieser Zeit nur ein Schutz vor Nachahmung besteht. Wird daher in dieser Zeit ein Design angemeldet, das zwar denselben Gesamteindruck erweckt, das jedoch nicht durch Nachahmung entstanden ist, muss der Designinhaber der früheren Designanmeldung das später eingereichte Design dulden.

Wie ist die rechtliche Situation der aufgeschobenen Bekanntmachung? Die Aufschiebung der Bekanntmachung der Wiedergabe eines Designs dauert maximal 30 Monate. Es kann jederzeit beantragt werden, die Aufschiebung der Bekanntmachung zu beenden und die Darstellungen des Designs zu veröffentlichen.

Was ist eine Priorität? Die Priorität einer ausländischen Designanmeldung kann in Anspruch genommen werden, wenn die deutsche Designanmeldung innerhalb von sechs Monaten nach dem Anmeldetag der ausländischen Designanmeldung beim Patentamt eingereicht wird.

Was ist eine Ausstellungspriorität? Wird ein Design auf einer Messe vorgestellt, kann diese Präsentation prioritätsbegründend von einer Designanmeldung genutzt werden. Allerdings eignen sich nicht sämtliche Messen, um eine Ausstellungspriorität zu begründen. Die entsprechenden Messen werden im Bundesanzeiger[1] veröffentlicht.

Die Designanmeldung muss innerhalb von sechs Monaten nach der ersten Präsentation des Designs auf der Messe beim Patentamt eingereicht werden. Hierzu ist eine sogenannte Ausstellungsbescheinigung beizufügen, die auf der Messe auszustellen ist.[2]

---

[1] Bundesanzeiger, https://www.bundesanzeiger.de/pub/de/start?0, abgerufen am 9. Juli 2021.
[2] DPMA, https://www.dpma.de/docs/formulare/designs/r5708.pdf, abgerufen am 9. Juli 2021.

Wie lange dauert das Eintragungsverfahren? Liegen keine formalen Mängel der Designanmeldung vor, kann mit der Eintragung in das Designregister innerhalb von ein bis zwei Monaten gerechnet werden.

Was ist der Schutzumfang eines Designs? Der Schutzumfang eines eingetragenen Designs umfasst sämtliche Designs, die denselben Gesamteindruck beim informierten Benutzer erwecken.

Wann beginnt der Schutz? Der Schutz vor Designs Dritter mit demselben Gesamteindruck beginnt durch die Eintragung des zu schützenden Designs in das Designregister des Patentamts.

Wie lange geht der Schutz? Der Schutz dauert zunächst fünf Jahre und kann durch Zahlung von Aufrechterhaltungsgebühren um jeweils weitere fünf Jahre verlängert werden. Die maximale Schutzdauer beträgt 25 Jahre.

Wer ist der informierte Benutzer? Der informierte Benutzer ist eine fiktive Person, die die maßgeblichen Designs eines Fachbereichs kennt. Allerdings ist sie kein Designexperte. Der informierte Benutzer hat einen Design-Kenntnisstand, der zwischen dem des Benutzers ohne einschlägige Kenntnisse und einem Designexperten liegt.[3]

Welche Rechte hat ein Designinhaber? Mit einem eingetragenen Design kann jedem Dritten die Benutzung des Designs verboten werden. Eine Benutzung, die vom Designinhaber verboten werden kann, ist die Herstellung, das Anbieten, das Inverkehrbringen, die Einfuhr, die Ausfuhr, der Gebrauch und der Besitz eines Erzeugnisses, das das Design realisiert. Die Art des Erzeugnisses ist unerheblich.

Der Schutzrechtsinhaber hat einen Unterlassungsanspruch, also einen Anspruch darauf, dass eine Benutzung seines eingetragenen Designs unterbleibt. Außerdem kann der Designinhaber einen Schadensersatzanspruch, einen Auskunftsanspruch, einen Vernichtungsanspruch und einen Rückrufanspruch geltend machen.

Wie wird der Schadensersatz berechnet? Eine Berechnung des Schadensersatzes kann auf drei Arten erfolgen. Der Schutzrechtsinhaber kann die Herausgabe des Verletzergewinns verlangen oder den Ersatz des entgangenen Gewinns. Eine weitere für den Schutzrechtsinhaber wählbare Alternative ist, dass der Schadensersatz nach der Lizenzanalogie berechnet wird.

---

[3] EuGH, 20.10.2011, C-281/10 P, Gewerblicher Rechtsschutz und Urheberrecht, 2012, 506 – PepsiCo, https://eur-lex.europa.eu/LexUriServ/LexUriServ.do?uri=CELEX:62010CJ0281:DE:HTML, abgerufen am 10. Juli 2021.

Wie wird ein Designrecht durchgesetzt? Ein Designrecht kann mit einer Berechtigungsanfrage, einer Abmahnung, einer einstweiligen Verfügung oder im Klageverfahren durchgesetzt werden.

Was ist eine Berechtigungsanfrage? Eine Berechtigungsanfrage dient der Klärung der rechtlichen Situation. Der vermeintliche Verletzer wird gefragt, aufgrund welcher Umstände er sich zu Benutzungshandlungen berechtigt fühlt. Eine Berechtigungsanfrage droht keine gerichtlichen Schritte an und enthält keine Aufforderung zur Unterzeichnung einer strafbewehrten Unterlassungserklärung.

Ergibt sich im weiteren Verlauf, dass tatsächlich eine rechtsverletzende Benutzungshandlung vorliegt, können die Kosten der Berechtigungsanfrage dennoch nicht dem Verletzer in Rechnung gestellt werden. Der Grund ist darin zu sehen, dass die Berechtigungsanfrage primär dem Informationsinteresse des Designinhabers dient.

Was ist eine Abmahnung? Mit einer Abmahnung soll eine rechtsverletzende Handlung außergerichtlich beendet werden.

Was ist eine einstweilige Verfügung? Eine einstweilige Verfügung wird in einem beschleunigten Verfahren erlassen. Hierdurch wird auf Antrag eines Antragstellers eine schnelle Regelung getroffen. Einem Designverletzer kann in sehr kurzer Zeit, innerhalb weniger Tage, die Herstellung und der Vertrieb eines rechtsverletzenden Produkts verboten werden. Eine einstweilige Verfügung ist nur möglich, falls Eilbedürftigkeit gegeben ist.

Eine einstweilige Verfügung kann ohne das Anhören des Antragsgegners erfolgen. Voraussetzung ist, dass sämtliche Entscheidungsvoraussetzungen glaubhaft gemacht werden. Eine Voraussetzung einer einstweiligen Verfügung ist die Dringlichkeit. Der Antragsteller kann sich daher nach Kenntnisnahme einer rechtsverletzenden Handlung nicht beliebig Zeit lassen, einen Antrag auf einstweilige Verfügung zu stellen. Ein Antrag auf einstweilige Verfügung ist maximal innerhalb von fünf bis sechs Wochen nach Feststellen der Designverletzung zu stellen, um das Dringlichkeitserfordernis nicht zu verletzen.

Einer einstweiligen Verfügung folgt ein Hauptsacheverfahren. Ein Hauptsacheverfahren erübrigt sich, falls der Antragsgegner eine Abschlusserklärung abgibt und hierbei die Entscheidung der einstweiligen Verfügung als endgültig anerkennt.

Was ist eine Schutzschrift? Droht eine einstweilige Verfügung wegen einer angeblichen Designverletzung, kann in einer Schutzschrift der potenzielle Antragsgegner erläutern, warum keine Designverletzung vorliegt. Die Schutzschrift wird beim zentralen Schutzschriftenregister in Frankfurt hinterlegt. Gelangt ein Antrag auf Erlass einer einstweiligen

Verfügung zu einem Richter, wird dieser in dem Schutzschriftenregister nachsehen, ob hierzu eine Schutzschrift hinterlegt wurde.[4]

Mit einer Schutzschrift kann bestenfalls eine einstweilige Verfügung abgewendet werden. Wenn eine einstweilige Verfügung nicht direkt verhindert werden kann, so kann eventuell zumindest eine mündliche Verhandlung veranlasst werden. Durch eine mündliche Verhandlung können beide Seiten nochmals ihre Argumente vorbringen, um dem befassten Gericht eine Entscheidung über die einstweilige Verfügung zu ermöglichen.

Was ist eine Verletzungsklage? Mit einer Verletzungsklage macht der Schutzrechtsinhaber gegenüber einem Verletzer seine Rechte aus dem Designrecht gerichtlich geltend. Eine Verletzungsklage findet vor einem ordentlichen Gericht statt.

Eine Klage wegen einer Designverletzung wird in erster Instanz vor ausgewählten Landgerichten verhandelt, die sich auf derartige Verfahren spezialisiert haben.[5]

Was ist eine negative Feststellungsklage? Ein vermeintlicher Verletzer kann mit einer negativen Feststellungsklage gerichtlich bestätigen lassen, dass keine Verletzung eines in Rede stehenden Designrechts vorliegt. Mit einer erfolgreichen negativen Feststellungsklage wird das Nichtbestehen des Rechtsverhältnisses von Verletzer und Schutzrechtsinhaber durch ein Gericht festgestellt.

Eine negative Feststellungsklage kann immer dann sinnvoll sein, wenn der Schutzrechtsinhaber eine Marktverwirrung erzeugt, ohne dass er eine zügige rechtliche Klärung anstrebt. Scheint es der Schutzrechtsinhaber nicht eilig zu haben, eine Verletzungsklage zu erheben, kann der angebliche Verletzer das Heft in die Hand nehmen und eine gerichtliche Klärung durch eine negative Feststellungsklage herbeiführen.

Was ist eine Widerklage? In einem Verletzungsverfahren kann der Beklagte Widerklage erheben und die Rechtsbeständigkeit des Designs bestreiten. Das Gericht wird dann prüfen, ob das Streitdesign die Schutzvoraussetzungen erfüllt und insbesondere neu ist und Eigenart aufweist.

Was ist Verwirkung? War einem Schutzrechtsinhaber eine Designverletzung bekannt und war er schuldhaft lange Zeit untätig, wodurch sich ein Designverletzer gutgläubig einen wertvollen Besitz erarbeiten konnte, kommt eine Durchsetzung der Rechte des Designinhabers nicht mehr in Betracht. Eine Durchsetzung würde gegen den Grundsatz von Treu und Glauben verstoßen.[6] Eine erforderliche Dauer einer Frist der Untätigkeit wären insbesondere fünf aufeinander folgende Jahre, in denen dem Schutzrechtsinhaber die rechtsverletzenden Handlungen bekannt waren.

---

[4] BGH, 13.2.2003, I ZB 23/02, Gewerblicher Rechtsschutz und Urheberrecht, 2003, 456 – Kosten einer Schutzschrift I.

[5] § 52 Absätze 2 und 3 Designgesetz.

[6] § 242 BGB.

Was ist Erschöpfung? Wurde innerhalb der Europäischen Union oder in einem Vertrags-staat des Abkommens über den europäischen Wirtschaftsraum ein Erzeugnis mit dem Design eines Schutzrechtsinhabers mit dessen Zustimmung eingeführt, hergestellt oder angebo-ten, ist eine erneute Einflussnahme des Schutzrechtsinhabers auf den Verkauf, den Besitz oder den Gebrauch dieses Erzeugnisses innerhalb dieser Staaten ausgeschlossen. Dies gilt unabhängig von der jeweiligen Schutzrechtssituation in den einzelnen Ländern.

Was ist ein Vorbenutzungsrecht? Wurde ein Design von einem Dritten vor der Anmeldung des Designs bereits benutzt, kann das eingetragene Designrecht nicht gegen den Dritten geltend gemacht werden. Der Dritte ist weiterhin berechtigt, das Design für die Bedürfnisse seines Betriebs einzusetzen.

Was ist ein Nichtigkeitsverfahren? Ein Designrecht ist ein ungeprüftes Schutzrecht. Es muss daher eine Möglichkeit geben, ungerechtfertigt eingetragene Designs wieder aus dem Register löschen zu können. Hierzu dient das Nichtigkeitsverfahren vor dem Patentamt, das durch einen Antrag gestartet wird.

Kann ein Design mit einer Marke geschützt werden? Ein Design, beispielsweise ein Logo, kann grundsätzlich gleichzeitig als Marke und Designrecht geschützt werden. Der große Vorteil der Marke ist, dass eine Marke beliebig oft verlängerbar ist. Designrecht und Marke unterscheiden sich insbesondere in ihrem unterschiedlichen Verwendungszweck. Eine Marke dient dazu, die Herkunft eines Produkts zu kennzeichnen. Anhand einer Marke kann der Hersteller oder Anbieter kenntlich gemacht werden. Das Design dient der ästhe-tischen Gestaltung von Erzeugnissen. Beispielsweise kann das Design T-Shirts oder Tassen zieren.

Vorsicht: irreführende Rechnungen 17

Die Patentämter versenden in aller Regel keine Rechnungen. Die Patentämter gehen davon aus, dass der Schutzrechtsinhaber bzw. der Antragsteller die gesetzlichen Fristen selbsttätig überwacht und bei Fälligkeit die entsprechenden Amtsgebühren bezahlt.

Erhält man daher eine Rechnung eines Patentamts ist Vorsicht geboten. Sehr oft handelt es sich um eine irreführende Rechnung, die einen amtlichen Eindruck erweckt, deren Absender aber kein Amt ist.

Oftmals wird eine sinnlose Eintragung in eine unbekannte Datenbank angeboten. Ein derartiges Angebot ist wirtschaftlich wertlos. Das EUIPO hat eine Datenbank mit typischen Absendern derartiger irreführender Rechnungen erstellt, die unter dem Link „https://euipo.europa.eu/ohimportal/de/rcd-misleading-invoices" abgerufen werden können.[1]

---

[1] EUIPO, https://euipo.europa.eu/ohimportal/de/rcd-misleading-invoices, abgerufen am 10. Juli 2021.